Köpfe

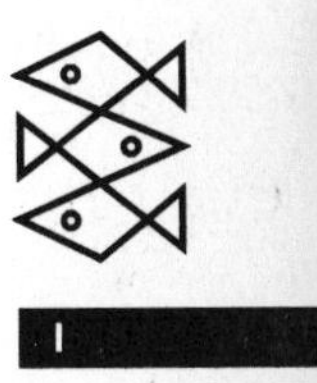

& Ideen

Die Reihe **Köpfe & Ideen** präsentiert große Forscher und Forscherinnen, die mit ihren revolutionären Ideen unser Bild der Welt beeinflußt und verändert haben. Anschaulich und anregend, kompetent und kompakt beschreiben die einzelnen Bände die Vorgeschichte und den »magischen Moment« der Entdeckung. Parallel dazu zeichnen sie ein Lebensbild dieser Männer und Frauen, die die Grenzen des Denkens ihrer Zeit sprengten und unser Wissen über die Welt und uns selbst erweiterten.
Weitere Bücher in dieser Reihe: ›Crick, Watson & DNA‹, Bd. 14112, ›Einstein & die Relativität‹, Bd. 14114; ›Galilei & das Sonnensystem‹, Bd. 14118; ›Hawking & die Schwarzen Löcher‹, Bd. 14111; ›Newton & die Schwerkraft‹, Bd. 14116; ›Pythagoras & sein Satz‹, Bd. 14115; ›Turing & der Computer‹, Bd. 14113; ›Archimedes & der Hebel‹, Bd. 14117 (in Vorbereitung); ›Bohr & die Quantentheorie‹, Bd. 14120 (in Vorb.); ›Curie & die Radioaktivität‹, Bd. 14121 (in Vorb.); ›Darwin & die Evolution‹, Bd. 14395 (in Vorb.).

Paul Strathern, geboren in London, studierte Philosophie und Mathematik. Er ist Autor zahlreicher Bücher, darunter mehrere Romane und Reisebeschreibungen. Er schreibt für verschiedene Magazine und Zeitungen (*The Observer, The Daily Telegraph, The Irish Times*). Strathern lebt in London.

Er war der »Vater der Bombe«: **J. Robert Oppenheimer** (1904–1967). Bevor er zum Leiter des Manhattan Project ernannt wurde, das in Los Alamos die erste Atombombe der Welt nach seinen Plänen baute, hatte Oppenheimer bereits eine bemerkenswerte akademische Karriere hinter sich. Mit seiner linksliberalen Einstellung geriet er im Amerika der McCarthy-Ära ins politische Abseits, bis ihn Präsident Kennedy öffentlich rehabilitierte. Der Bau der ersten Atombombe war ein Rennen gegen die Zeit. Wie es Oppenheimers Team gelang, die theoretischen Hürden der Kernspaltung zu überwinden und »Fat Man« am 16. Juli 1945 mit Erfolg zur Explosion zu bringen; wie Oppenheimer mit seinen moralischen Selbstvorwürfen fertig wurde, diese erste Massenvernichtungswaffe nicht nur gebaut, sondern auch ihren Einsatz befürwortet zu haben – dies und mehr erfährt man aus Stratherns anschaulich geschriebener Lebensgeschichte eines Forschers in unmenschlichen Zeiten.

& Ideen

Köpfe

&

Paul Strathern

Oppenheimer & die Bombe

Aus dem Englischen
von Xenia Osthelder

Fischer Taschenbuch Verlag

Deutsche Erstausgabe
Veröffentlicht im Fischer Taschenbuch Verlag, GmbH,
Frankfurt am Main, März 1999

Die englische Originalausgabe erschien 1997
unter dem Titel ›Oppenheimer & the Bomb‹
im Verlag Arrow Books, London

Reihenkonzeption: Stephanie Keyl und Katja von Ruville
Frontispiz: AKG Berlin
Gesamtherstellung: Clausen & Bosse, Leck
Printed in Germany
ISBN 3-596-14119-2

Inhalt

Einleitung

Beim Namen Oppenheimer fällt uns heute vor allem ein, daß er die Atombombe baute und der Direktor der »größten Ansammlung von Militärforschern« war, die je zusammenarbeitete. Die erste Atombombe entstand in den Geheimlabors von Los Alamos, in den einsamen Bergen von New Mexico. Vielen ist Oppenheimer auch als der Wissenschaftler in Erinnerung, den die amerikanische Kommunistenhetze vorzeitig ins Grab trieb. Oft wird übersehen, daß er auch bedeutende Beiträge zur Quantenmechanik leistete, als sie noch in den Kinderschuhen steckte, und daß er als einer der ersten Wissenschaftler ein Modell der Schwarzen Löcher veröffentlichte.

Oppenheimer war darüber hinaus ein charismatischer Lehrer, der eine ganze Generation amerikanischer Physiker begeisterte. Er war fast zwanzig Jahre lang Direktor des Institute for Advanced Studies in Princeton, an dem Geistesgrößen wie Einstein, von Neumann und Gödel wirkten.

Eine bemerkenswerte Karriere und ein bemerkenswerter Mensch. Privat war Oppenheimer etwas seltsam, aber hochgebildet. Beim Anblick des ersten leuchtenden Wolkenpilzes, der die Wüste in falsche Dämmerung tauchte, murmelte er Worte aus der Bhagavadgita. Die anwesenden Forscher, Generäle und Sicherheitspersonal eingeschlossen, haben mit Sicherheit nicht verstanden, worauf er anspielte. Oppenheimer war kultiviert, aber gleichzeitig kalt wie ein Fisch. Seine Mitarbeiter gingen für ihn durch dick und dünn, doch viele hielten ihn für elitär und arrogant. Solange er sich nur im Labor bewegte, war das nicht weiter wichtig. (Wissenschaftliche Arbeit entwickelt nicht die Persönlichkeit, und ihre Jünger reagieren auf Ungeschicklichkeiten toleranter als Durchschnittsmenschen.) In Washington machte sich Oppenheimer schnell politische Feinde. Seine Arroganz war für sein Scheitern mindestens so verantwortlich wie seine politischen Überzeugungen, seien sie noch so fehlgeleitet oder ehrgeizig gewesen. »Oppie«, wie ihn seine Freunde nannten, war bis zu seinem Lebensende ein gespaltener Mann. Er war stolz darauf, der »Vater der Atombombe« zu sein, hegte aber keinerlei Illusionen ob ihres entsetzlichen Vernichtungspotentials.

Oppenheimers Leben und die Atombombe

J. Robert Oppenheimer wurde am 22. April 1904 in New York geboren. Sein Vater Julius war ein deutsch-jüdischer Einwanderer, der es in der Textilimportbranche zu Vermögen gebracht hatte. Die Familie bewohnte eine luxuriöse Wohnung am eleganten Riverside Drive. Die Oppenheimers hatten das orthodoxe Judentum abgelegt, um zu den amerikanischen Plutokraten zu gehören. Roberts Mutter Ella war eine wahrhaft talentierte Malerin, die in Paris studiert hatte. Sie war faszinierend schön, bis auf eine verkrüppelte Hand, die sie stets in einem Handschuh aus Ziegenleder verbarg. Ein Freund der Familie beschrieb sie als »sehr zarte, gefühlsmäßig stark verhaltene Frau, die ... aber immer den Eindruck von Trauer verbreitete«. Der Vater wird als »angestrengt liebenswürdig ... und ... ein von Grund auf gütiger Mensch« beschrieben. Doch im Heim der Familie Oppenheimer herrschte eine gewisse Traurigkeit vor, ein melancholischer Ton.

Der kleine Robert sollte eine potente Mischung aus diesen komplexen Eigenschaften erben. Bezeichnenderweise war er (seiner eigenen Aussage zufolge) ein »abstoßend braver Musterknabe«. Acht Jahre seines Lebens war er Einzelkind, dann wurde 1912 sein Bruder Frank geboren. Robert ging zur Ethical Cultural School in New York, wo man auf ein hohes akademisches Niveau und liberale Ideen Wert legte. In der ernsthaften, wohlmeinenden Gesellschaft der Ära vor dem Ersten Weltkrieg war eine solche Verbindung noch möglich. Robert war ein eifriger, aber einzelgängerischer Schüler. Bin-

nen kurzem bewies er allen, wie sehr er ihnen intellektuell und gesellschaftlich überlegen war – wodurch er sich nicht gerade Freunde machte. Hochgewachsen und sehr schlank, hatte er gewisse Schwierigkeiten, seine Bewegungen zu koordinieren. Das führte dazu, daß er Sport nicht mochte. (Er haßte es, zu verlieren.) Er war jedoch kein Feigling und besaß trotz seiner Schwierigkeiten ein gewisses körperliches Geschick. Verbrachte die Familie ihre Ferien auf ihrem Landsitz in Long Island, unternahm Oppenheimer ganz allein Segelpartien, und sein Wagemut bei böigem Wetter grenzte oft an Tollkühnheit. Nachts las er alles, was ihm in die Hände fiel, von mineralogischen Büchern bis zu Platon. Besonders gefielen ihm die spröden, melancholischen Gedichte T. S. Eliots.

Achtzehnjährig erkrankte er auf einer Ferienreise durch Europa an einer Darminfektion. Er brauchte fast ein Jahr, um sich davon zu erholen. In diesem Jahr brach verspätet die Pubertät durch. Seine Mutter klagte über seine Ungezogenheit und daß er nichts von ihr wissen wolle. Der undankbare Kranke schloß sich einfach in seinem Zimmer ein und las.

Irgendwann wurde das junge intellektuelle Sensibelchen zur Erholung auf eine Pferderanch in New Mexico geschickt. Hier erwachten seine Lebensgeister wie in jenen Tagen, als er auf seiner Yacht den stürmischen Brechern trotzte. Tagelang ritt er auf den gewundenen Pfaden über Berg und Tal und verbrachte die Nächte im Freien unter dem Sternenhimmel.

1922 ging Oppenheimer nach Harvard, um Chemie zu studieren. Einer seiner Freunde berichtet: »Er hatte Schwierigkeiten mit der sozialen Anpassung, und ich glaube, er war oft sehr unglücklich. Ich nehme an, daß er einsam war und das Gefühl hatte, er passe nicht recht dazu.« Doch seine Leistungen waren hervorragend. Er wußte noch immer nicht so recht, was er werden wollte. In Chemie stand er an der Spitze seines Jahrgangs; in Physik war er außerordentlich gut, desgleichen in orientalischer Philosophie, Altgriechisch, Latein und Architektur. Manchmal ahmte er seine Mutter nach und griff zum Pinsel, und er verfaßte sogar avantgardistische Gedichte für die Literaturzeitschrift des College. All das kostete viel Zeit, aber da er sich nichts aus dem Umgang mit anderen machte und auch über sportliche Betätigungen erhaben war, verfügte Oppenheimer über viel Energie. Gegen acht Uhr morgens war er im Labor, verbrachte den Rest des Tages in Vorlesungen und frönte in der Bibliothek seinen verschiedenen Interessen. Obendrein las er bis spät in die Nacht. Statt eine richtige Mahlzeit zu sich zu nehmen, machte er nur kurz Pause für ein Toastbrot mit Erdnußbutter und einem ordentlichen Klecks Schokoladensirup. Diese Kost scheint seine Verdauung in Hochform gehalten zu haben.
Erst in seinem dritten Studienjahr erkannte Oppenheimer, daß sein Herz für die Physik schlug. Dies verdankte er vor allem dem Physiker Percy Bridgman, einem begnadeten Lehrer. Er stellte als erster künstliche Diamanten her und erhielt später für seine Arbeiten zur Hoch-

druckphysik den Nobelpreis. 1961 nahm er sich das Leben. Nicht nur der Mensch Bridgman, sondern auch seine Auffassung von Wissenschaftsphilosophie interessierten Oppenheimer. Bridgman vertrat die These: »Die Bedeutung eines Begriffs erkennen wir erst, wenn wir die Denkprozesse genauer bestimmen können, mit denen wir den Begriff auf eine konkrete Situation anwenden.« Diese Art des Denkens entsprach der neuesten Philosophie Wittgensteins und des Wiener Kreises (»Der Sinn eines Satzes ist die Art seiner Verifikation.«) Sie ließ sich auch auf die schnell voranschreitende Quantentheorie anwenden, welche die Gültigkeit der klassischen Physik einschränkte. Bridgmans intellektuell anspruchsvolle und aufregende Art zu denken sprach beide Seiten von Oppenheimers Persönlichkeit an, die kulturelle und die wissenschaftliche. Er ermutigte zudem den unterdrückten Rebellen in dem schlaksigen Märchenprinzen vom Riverside Drive. »Ich fand«, sagte Oppenheimer später, »daß Bridgman ein wundervoller Lehrer ist, weil er sich niemals mit den Dingen ganz abfand ... Er war ein Mann, bei dem man sich wünschte, in die Lehre zu gehen.« Oppenheimer sollte den philosophischen Standpunkt Bridgmans und dessen Konsequenzen für die wissenschaftliche Tätigkeit nie wieder vergessen. Oppenheimer war auf den Geschmack gekommen: von nun an spielte die Physik in seinem Leben die erste Geige.

1925 legte Oppenheimer nach Beendigung seines vierjährigen Studienganges, den er in nur drei Jahren absolvierte, das Examen mit *summa cum laude* ab. In jenen Tagen spielte sich die wahre Wissenschaft in Europa ab. Oppenheimer schiffte sich nach England ein. Dort erhielt er einen Platz am Cavendish Laboratory in Cambridge, das damals dem rauhen, aber herzlichen Neuseeländer Ernest Rutherford unterstand. Es waren erst fünfzehn Jahre ins Land gegangen, seit Rutherford die wissenschaftliche Welt erschüttert und die Kernphysik begründet hatte, indem er das erste Atommodell entwarf. Danach konzentriert sich die Masse des Atoms in einem Kern, der von leichten Elektronen umkreist wird. Mittlerweile hatte Rutherford ein Team von außergewöhnlichen Forschern um sich versammelt, das zu umwälzenden Erkenntnissen in der Erforschung der Radioaktivität kam.

Der einundzwanzigjährige Oppenheimer mag zwar ein brillanter Kerl gewesen sein, einen Rutherford beeindruckten seine Qualifikationen jedoch kaum. Zu guter Letzt nahm der achtundsechzigjährige J. J. Thompson ihn unter seine Fittiche. Thompson war der Entdecker des Elektrons, des negativ geladenen atomaren Teilchens. Oppenheimer mußte im Labor sehr dünne Berylliumfolien herstellen. (Sie sollten mit Elektronen beschossen werden, um deren Durchdringungsvermögen zu erforschen.) Oppenheimer fühlte sich gedemütigt. Die ihm zugeteilte Aufgabe war nicht nur höchst alltäglich, er mußte zudem die Erfahrung machen, daß er sie noch nicht einmal richtig ausführen konnte. Seine experimentelle Ungeschicklichkeit brachte eine tiefer sitzende Unsicherheit seiner unreifen, zugeknöpften Persönlichkeit ans Licht. »Die Laborarbeit ist entsetzlich langweilig«, schrieb er, »und ich bin darin so schlecht, daß es mir unmöglich erscheint, dabei irgend etwas zu lernen.« Das war eine typische Untertreibung, hinter der sich in Wirklichkeit eine sich verschlimmernde seelische Krise verbarg. In seinem ganzen Leben hatte Oppenheimer noch nie versagt, egal, was er gemacht hatte. Einsam, von Heimweh geplagt und zutiefst bedrückt, floh er in die Bretagne und machte Spaziergänge auf den Klippen. Der winterliche Wind blies ihm ins Gesicht, die Wogen des Atlantik brandeten gegen die Felsen, und er war nahe daran, sich hineinzuschmeißen.

Zu guter Letzt beschloß er nach Cambridge zurückzukehren und einen Psychiater aufzusuchen.

Dieser bescheinigte ihm unheilbare *dementia praecox.* Das war eine heute nicht mehr anerkannte Diagnose, bei der die Psychiater den Zustand ihres Patienten auf zu starke intellektuelle Anstrengung zurückführten. (Heute ist die Schizophrenie an ihre Stelle getreten.) Man legte dem Patienten einen Urlaub nahe. Oppenheimer fuhr mit zwei Freunden nach Korsika und ließ sich auf eine kurze Urlaubsromanze, seine erste Beziehung, ein. Bei seiner Rückkehr hatte sich seine geistige Verfassung etwas gebessert. Er sprach nur einmal in seinem Leben darüber: »Was Sie wissen müssen, ist, daß es sich dabei nicht um irgendeine Liebesaffäre handelte – überhaupt um keine Liebesaffäre, sondern um Liebe.«

Die Liebe in greifbarer Form hatte bis dahin offenbar in seinem Leben gefehlt. Oppenheimer hatte immer sehr unter dem Einfluß seiner Mutter gestanden, doch sie war von einem ähnlich unterkühlten Temperament wie ihr Sohn und verfügte auch über eine gute Portion seiner arroganten Intelligenz. Für den äußerlich so sicher auftretenden und innerlich so unreifen Zweiundzwanzigjährigen war die erste Begegnung mit echten Gefühlen ein Erlebnis, worüber er im stillen nachgrübelte und das er im geheimen genoß.
Oppenheimer hatte einen Psychiater, eine Geliebte und einige der besten Wissenschaftler seiner Zeit an sich herangelassen. Es bestand kein Zweifel, welche Kategorie für ihn die wichtigste war, welcher er sich am nächsten fühlte und mit wem er sich identifizierte. Doch Rutherford, Thompson oder Bridgman hätten seine Väter sein können. Bald lernte Oppenheimer jedoch einen begabten Wissenschaftler in seinem Alter kennen.
Paul Dirac war 1902 in England geboren worden, also zwei Jahre vor Oppenheimer. Sein Vater war aus der Schweiz emigriert, seine Mutter war Engländerin. Dirac hatte eine ähnliche Veranlagung zum Einzelgänger wie Oppenheimer und vergrub sich für seine Arbeit am liebsten in seinen Zimmern über einem abgelegenen Hof im St. John's College. Oppenheimer mochte über außerordentliche Geistesgaben verfügen, doch Dirac sollte einer der größten theoretischen Physiker des zwanzigsten Jahrhunderts werden. Die beiden verstanden sich von der ersten Minute an, auch wenn Dirac

Oppenheimers Gelehrsamkeit für überflüssig, wenn nicht sogar für vollkommene Zeitverschwendung hielt. Oppenheimer lernte gerade Italienisch, damit er Dante im Original lesen konnte. Als Dirac erfuhr, daß Oppenheimer selber Gedichte schrieb, soll er gefragt haben: »Wie kannst du beides tun – Poesie und Physik? In der Physik versuchen wir, den Leuten die Dinge so zu erklären, daß sie etwas verstehen, was vorher noch niemand gewußt hat. In der Poesie ist es genau umgekehrt.« Dennoch verfaßte auch Dirac Gelegenheitsverse:

Das Alter ist ein böses Joch,
Des Physikers Angst und Schreck, fürwahr,
Besser tot als lebend noch,
Wenn einer über dreißig Jahr.

Und so ganz unrecht hatte er noch nicht einmal. Newton entdeckte die Schwerkraft lange vor seinem dreißigsten Geburtstag. Auch Einstein war unter dreißig, als er seine Spezielle Relativitätstheorie entwikkelte, und viele große Physiker hatten ihre bahnbrechenden Einfälle vor dem dreißigsten Lebensjahr. Dirac war 23, Oppenheimer 21. Beide waren junge Männer, die es eilig hatten. Dirac arbeitete bereits in der vordersten Reihe an der Quantentheorie, in der sich außergewöhnliche Dinge taten. 1925 und 1926 waren aufregende Jahre für die Naturwissenschaft des zwanzigsten Jahrhunderts. Man machte große, und wie es häufig schien, mit der klassischen Physik unvereinbare Fortschritte in der Quantentheorie. Kühne Männer wie Bohr, Schrödinger, Heisenberg und Born läuteten durch ihre Arbeiten das »goldene Zeitalter der theoretischen Physik« ein.

Der deutsche Physiker Max Planck hatte im Jahr 1900 die Quantentheorie begründet. Sie erklärt Eigenschaften der elektromagnetischen Strahlung, z. B. des Lichts, die nicht mit der Newtonschen Mechanik vereinbar sind. Sie lassen sich durch die widersprüchlich anmutende Annahme einer doppelten Natur des Lichts erklären: Will man bestimmte Wirkungen wie etwa die Farbveränderungen verstehen, muß man das Licht als Welle betrachten. Um hingegen Phänomene wie etwa den Photoeffekt zu erklären (bei dem das auf eine Oberfläche auftreffende Licht Elektronen herauslöst), muß es als ein Strom von Teilchen betrachtet werden. Die Teilchen werden Photonen genannt. Sie treten in Portionen – Lichtquanten – auf.

– Doch warum ist die Annahme eines Photons notwendig? Kann man das Licht nicht einfach als regelmäßig unterbrochene kleine Wellen betrachten?

Die Antwort lautet: Photonen müssen Impuls haben, um die Elektronen aus der Metalloberfläche herauszustoßen. Dazu ist Masse vonnöten:

Impuls = Masse × Geschwindigkeit.

– Aber Licht wiegt doch nichts, ist der nächste Einwand. Wie können Quanten (Photonen) Masse haben?

Tatsächlich haben sie nur dann Masse, wenn sie in Bewegung sind. Im Ruhezustand ist ihre Masse Null.

Auch das erscheint unmöglich. Das früher so selbstverständliche Phänomen des Lichts wird rätselhaft. Es ist gleichzeitig Welle und Teilchen, die Quanten besitzen aber nur eine Masse, wenn sie sich bewegen …
Die Quantentheorie ist reich an solchen Widersprüchen. Mehrere Jahre lang versuchte man, daran herumzuflicken, indem man die Prinzipien der Quantentheorie auf die Gleichungen der klassischen Mechanik übertrug. Das führte aber nur zu immer mehr Widersprüchen, besonders im Bereich der sich rapide entwickelnden Atomphysik, die sich mit der Analyse der atomaren Struktur befaßt. Atome schienen ebenfalls Wellenpakete zu enthalten. Angesichts dieser Probleme war es unmöglich, im atomaren Bereich Voraussagen zu machen.
1925 löste das Wunderkind der deutschen Physik, Werner Heisenberg, der nur ein Jahr älter war als Dirac, das Problem, indem er eine Theorie der Quantenmechanik vorlegte. Sie umging elegant den »Welle-Teilchen-Dualismus«, indem sie sich allein auf die Beobachtung konzentrierte. Nur die meßbaren Eigenschaften eines Atoms galten als »wirklich«. »Warum sprechen wir von unsichtbaren Elektronen um einen unsichtbaren Kern? Wenn man sie nicht beobachten kann, sind sie nicht von Bedeutung.« Ob man das, was man maß, als Teilchen oder als Welle bezeichnete, machte keinen Unterschied.
Das war ein brillanter Einfall, aber wie konnte man Messungen mit diesem Formalismus auf sinnvolle

Weise ausdrücken, ohne zu wissen, wie die verwendeten Variablen zu interpretieren waren? Der Göttinger Physikprofessor Max Born sah Heisenbergs Arbeit. Göttingen war neben dem Kopenhagener Institut von Niels Bohr das bedeutendste Zentrum der Quantenforschung. Heisenberg hatte selbst dort studiert. Sein Lehrer Born schlug vor, die verschiedenen Messungen als Zahlenspalten und -zeilen in Matrizenform anzuordnen. Die Anwendung der Matrizentheorie machte es möglich, eine Reihe atomphysikalischer Probleme zu lösen, beispielsweise die Spektrallinien des Wasserstoffs zu erklären. Die rechteckigen Reihen und Zahlenkolonnen erwiesen sich als viel nützlicher als ein »Bild« des Atoms. Sie ergaben die erste widerspruchsfreie Form der Quantenmechanik. Im Gegensatz zur klassischen Mechanik erlaubte diese aber keine sicheren Voraussagen, sondern nur die Angabe von Wahrscheinlichkeiten.

Für den berühmten österreichischen Physiker und Frauenheld Erwin Schrödinger war das alles mathematisch viel zu komplex und theoretisch. Er hatte seine eigene Auffassung von physikalischer Schönheit. Schrödinger war nach wie vor überzeugt davon, daß es möglich sei, von jedem Aspekt des physikalischen Universums eine bildliche Vorstellung zu gewinnen, auch im Bereich der Atome. Ende 1925 präsentierte er eine alternative Version der Quantenmechanik. Er ordnete jedem Teilchen eine Wellenfunktion zu. Schrödinger stellte eine Wellengleichung vor, die auf jedes physikalische System anwendbar war (d.h. auf den Wellen- und Korpuskularbereich). Diese Form der Quantenmechanik wurde unter der Bezeichnung »Wellenmechanik« bekannt, im Unterschied zu Heisenbergs »Matrizenmechanik«.

Heisenberg und Schrödinger standen einander nach kurzer Zeit wie alle Gegner, von der Religion bis zum Fußball, gegenüber. [Heisenberg bezeichnete Schrödingers Theorie als verabscheuenswürdig und Schrödinger die von Heisenberg als widerwärtig und entmutigend.] Heisenberg sah jedoch bald ein, daß Schrödingers Formalismus einfacher anzuwenden war. Er selbst berechnete mit der Schrödinger-Gleichung 1926 die Energiezustände des Heliums.

Oppenheimers neuem Freund Dirac gelang es im Sommer 1926, eine dritte Theorie vorzulegen. Danach entsprechen sich die Matrizentheorie und die Wellenmechanik mathematisch (sehr zum Ärger ihrer Erfinder).

Oppenheimer hatte nicht dasselbe Format wie Dirac und die naturwissenschaftlichen Giganten des deutschsprachigen Raums. Unter anderem reichten seine Mathematikkenntnisse nicht aus, da er zuviel Zeit auf seine unterschiedlichen Interessen verwandt hatte. Doch sein Physikerhirn war in der Lage, die kompliziertesten Konzepte zu verstehen; er stürzte sich nun – nach den erfolglosen Experimenten mit Berylliumfolien – begierig auf die Theorie. Im Schnelldurchgang arbeitete Oppenheimer die letzten Erkenntnisse der Quantentheorie auf und diskutierte mit Dirac darüber. Im Mai 1926 hatte

Oppenheimer eine Reihe Arbeiten fertiggestellt, in denen er darlegte, wie die Quantenmechanik eine Anzahl komplexer Fragen der Atomstruktur löst. Sie erregten die Aufmerksamkeit von Max Born. Beeindruckt bot er Oppenheimer einen Platz als Doktorand in Göttingen an. Hier kam es zu einem Gedankenaustausch zwischen Oppenheimer und Heisenberg sowie Bohr und Fermi, die mit den Göttinger Physikern in regem Kontakt standen. (Sie lebten allerdings in Kopenhagen bzw. Rom.) Die Quantenmechanik war so neu und entwickelte sich so rasant, daß jeder, der sie verstand und über ihre Entwicklung auf dem laufenden blieb, einen Beitrag leisten konnte. Schon bald gehörte Oppenheimer zur Liga der Großen. Er veröffentlichte gemeinsame Arbeiten mit Born und Dirac. Von 1926 bis 1929 verfaßte er nicht weniger als sechzehn bedeutende Beiträge zur Quantenphysik, davon sechs auf deutsch. (Die »Born-Oppenheimer-Approximation« beispielsweise, ist einer der Zentralbegriffe der Quantenmechanik.) Oppenheimers große Leistung lag in der Anwendung der Quantenmechanik auf das Konzept des Elektronenspins. (Ein Elektron dreht sich um seine Achse, während es sich um den Atomkern bewegt. Ebenso dreht sich die Erde auf ihrer Umlaufbahn um die Sonne um die eigene Achse, so daß Tag und Nacht entstehen.) Der Elektronenspin war der letzte fehlende Baustein zum Gedankengebäude der Quantenmechanik. (Er wurde von Dirac zunächst aus ästhetischen Gründen postuliert.) Praktische Bedeutung hat er beispielsweise beim Magnetismus.

1927 promovierte Oppenheimer »mit Auszeichnung«, was in Göttingen ein hohes Lob war. Inzwischen wußte Oppenheimer ganz genau, was er machen wollte: Nach Amerika zurückkehren und sich der Entwicklung der Quantenphysik widmen. Er entschied sich für den Posten eines Assistenzprofessors an der damals wenig geachteten University of California in Berkeley. Er habe nach Berkeley gewollt, weil es sich dort um »eine Wüste« handelte, so seine eigenen Worte. Es gab dort keine theoretische Physik, so daß er seine eigene Forschung betreiben konnte. Um sicherzugehen, daß er nicht den Anschluß verlor, übernahm er eine Teilzeitbeschäftigung am California Institute of Technology, dem Caltech in Pasadena, das damals auf bestem Wege war, ein Forschungszentrum von Weltklasse zu werden. Es war kein Zufall, daß er zwei Angebote im ungezwungenen Kalifornien angenommen hatte und somit ein ganzer Kontinent zwischen ihm und dem Ort seiner erstickenden elitären Erziehung lag. Im reifen Alter von vierundzwanzig Jahren wurde Oppenheimer allmählich gelöster und befreite sich von den Fesseln seiner Herkunft. Bezeichnenderweise unterschrieb er nun mit J. Robert Oppenheimer. Das J. stand für Julius, den Namen seines Vaters. Befragt, was der Buchstabe bedeute, pflegte er zu antworten: »Gar nichts.«

Während seiner Forschungstätigkeit am Caltech bemerkte Oppenheimer, daß seine Kenntnisse in Mathematik und Physik noch verbesserungswürdig waren. Er bewarb sich um ein Forschungsstipendium in Europa und konnte sich im September 1928 erneut dorthin einschiffen. Er besuchte alle großen europäischen Forschungszentren, einschließlich Leiden und Utrecht in Holland. (Dafür lernte er kurzerhand holländisch.) Er traf sich auch mit dem großen Schweizer Quantenexperten Wolfgang Pauli von der Eidgenössischen Technischen Hochschule in Zürich, vormals die Alma Mater Einsteins.

Auch wenn Oppenheimer weiterhin in der Forschung tätig war, hatte er eine zweite Phase seiner beruflichen Laufbahn angetreten – als Lehrer. Anfänglich war er katastrophal. Bei großen Vorlesungen, aber auch kleineren Seminarveranstaltungen nuschelte er vor sich hin und begleitete seine Ausführungen mit verlegenen Gesten. Manchmal brach er einfach ab und murmelte etwas. Doch was er seinen Studenten mitzuteilen hatte, war aufregend, und sie merkten, daß er selbst von seinem Thema begeistert war.

Diejenigen, die ihn verstanden, hingen ihm bald an den Lippen. »Oppie«, wie er genannt wurde, erreichte binnen kurzem Kultstatus. Die Bohnenstange mit den eisblauen Augen, der Kettenraucher und Nägelbeißer wurde zum charismatischen Lehrer. Er hatte nicht nur gemeinsam mit Born und Dirac Arbeiten veröffentlicht und mit Bohr persönlich über die Quantentheorie diskutiert, er sprach auch acht Sprachen, las philosophische Werke und schrieb avantgardistische Gedichte. Das machte bald die Runde, und in wenigen Jahren kamen brillante junge Leute von nah und fern zu ihm.

Seine Studenten waren bunt durcheinandergewürfelt. In den dreißiger Jahren befand sich Amerika mitten in der Depression, und die bedrohliche politische Lage in Europa – in Deutschland herrschte Hitler – führte dazu, daß sich ganze Flüchtlingsströme ins Land ergossen. Ein typischer »Starschüler« Oppies war Philip Morrison, der sowohl die Kinderlähmung, als auch die kalifornische Armut (wie sie John Steinbeck in ›Früchte des Zorns‹ beschrieben hat) überlebt hatte; das vierzehnjährige Wunderkind Rossi Lomanitz aus der Wildnis Oklahomas; Hartland Snyder, der sich seinen Lebensunterhalt als Lastwagenfahrer in Utah verdiente, und später der deutsche Jude Bernhard Peters, der aus dem Konzentrationslager Dachau entkommen war, in New York Hafenarbeiter wurde und sich dann nach Kalifornien abgesetzt hatte. Diese und viele andere wurden von Oppie zu erstklassigen Physikern ausgebildet. Seine elitäre Erziehung hatte ihn auf Führungsaufgaben vorbereiten sollen. Auch wenn er im Hörsaal rauchte, sein Haar ziemlich lang trug und ein blaues Arbeiterhemd anhatte: Oppenheimer war eine Führerpersönlichkeit.

Doch nicht alle waren von ihm beeindruckt. Diejenigen, deren Blick distanzierter war, sahen große Schwächen an ihrem wissenschaftlichen Star. Ihnen verrieten sein starrer Blick und seine enervierend ungeschickte Art, daß er zutiefst mit sich selbst im unreinen war. Niemand, der sich soviel Mühe gab, seine Martinis »so, und *nur* so« zu mischen und der sich nebenbei daran machte, Sanskrit zu lernen, konnte ein wirklich ernsthafter Wissenschaftler sein. Er mochte zu genialen Geistesblitzen in der Lage sein, aber er würde nicht durchhalten. Er hatte ja noch nie einen langen Artikel veröffentlicht oder lange Berechnungen vorgelegt. Vielleicht war Oppies Begeisterung für die Wissenschaft nur ein Strohfeuer? Seine intellektuelle Arroganz kränkte viele: Wer nicht mitkam, wurde von Oppenheimer geschnitten. Den so Geächteten erschien er als gefühlskalter, berechnender, selbstsüchtiger Mensch, der immer in irgendeine Rolle schlüpfte.

Sicherlich entwickelte sich Oppenheimers Persönlichkeit mit Verspätung, wobei zwei deutlich verschiedene Seiten zutage traten. Doch wer war der wahre Oppenheimer? Das brillante, ernsthafte Genie oder der arrogante, berechnende Schauspieler? Niemand war in der Lage, diese Frage zu beantworten, noch nicht einmal Oppenheimer selbst – zumindest wirkte er so.

Oppenheimer scheint das Bedürfnis gehabt zu haben, seine emotionale Unsicherheit zu verstecken. Doch nun kam sie auf den Prüfstand: 1936 verliebte er sich in Jean Tatlock, ihres Zeichens graduierte Psychologin. Sie hatte auffälliges, dunkles Haar, grüne Augen und war ein höchst ungewöhnlicher Mensch. Willensstark und intelligent war sie aktives Mitglied der Kommunistischen Partei geworden, gegen den Willen ihres Vaters, eines Professors in Berkeley, der für seine konservativen politischen Ansichten bekannt war.

Bisher hatte Oppenheimer die liberalen Prinzipien seiner Erziehung vertreten, wenngleich sie angesichts seiner gesellschaftlichen Arroganz leicht anachronistisch gewirkt hatten. Mit der Welt, »wie sie wirklich war«, hatte Oppenheimer wenig am Hut. Er besaß weder Telefon noch Radio, und er las keine Zeitschriften oder Zeitungen. Ein Kollege erinnert sich daran, daß Oppenheimer erst ein halbes Jahr später vom Börsenkrach des Jahres 1929 erfuhr.

All dies änderte sich, als Jean Tatlock in sein Leben trat. In kürze war Oppenheimer für den Rest seines Lebens in linksgerichtete Politik verwickelt. Seine Verwandlung kann aber nicht nur seiner neuen Geliebten zu verdanken sein, denn kennengelernt hatten sie sich auf einer Veranstaltung der Linken, bei der es um die immer dramatischer werdende Situation in Europa ging (für die der Spanische Bürgerkrieg ein perfektes Beispiel war). Die Faschisten jagten die Kommunisten, während die alte kapitalistische Garde sich blind stellte.

An der Westküste liebäugelte man in jenen Tagen mit linken Ideen, ja sogar mit dem Kommunismus. Es schien keinen anderen Weg zu geben, die Folgen der Weltwirtschaftskrise und die damit verbundene Massenarbeitslosigkeit zu bekämpfen.

Oppenheimer war für eine Veränderung reif gewesen. Seine Hobbys – er hatte zuletzt Sanskrit gelernt und die Bhagavadgita gelesen – waren immer ausgefallener geworden und hatten zu nichts geführt. Wie im übrigen sein ganzes intellektuelles Leben. Er spürte das Bedürfnis, in der Gesellschaft Verantwortung zu übernehmen.

Mit großem Eifer hatte er sich der intellektuellen Betreuung seiner sich ständig vergrößernden Gruppe graduierter Forscher gewidmet. Der junge Professor entwickelte eine geniale Begabung dafür, aus den besten Köpfen das Beste herauszuholen. Später, im amerikanischen Atombombenprojekt, gelang es ihm glänzend, Spitzenforschung zu organisieren und die intellektuellen Primadonnen zu einem funktionierenden Team zusammenzuschweißen. Sein Interesse an der Politik war ein weiterer Schritt auf dem Weg zu dieser künftigen Aufgabe.

Oppenheimer wurde sehr schnell erwachsen. Auf allen Gebieten. Sein politischer Schnellkurs fand gleichzeitig mit einem Schnellkurs der Gefühle statt. Die Liebesbeziehung zu Jean Tatlock war strapaziös. Manchmal verschwand sie tagelang, und Oppie litt Qualen der Eifersucht. Wenn sie wieder auftauchte, schürte sie das Feuer, indem sie ihm von den Männern erzählte, mit denen sie zusammengewesen war. Solche Geschichten haben immer zwei Seiten. Es kann durchaus sein, daß sie zu diesen Exzessen getrieben wurde, weil sie sich in einen so kuriosen Vogel wie Oppie verliebt hatte. Zweimal verlobten sie sich und zweimal lösten sie die Verlobung wieder auf. Sie waren beide starke Trinker, und Oppie wurde zum manischen Kettenraucher. Jean litt unter schweren Depressionen und war in psychiatrischer Behandlung.

Jean mag labil und anspruchsvoll gewesen sein, sie war aber die erste Frau, die ausreichend Kraft besaß, Oppenheimers emotionalen Panzer zu durchdringen. Es hat bestimmt etwas zu bedeuten, daß ihre Beziehung wenige Monate, nachdem Oppenheimers Mutter an Leukämie gestorben war, ernst wurde. Oppenheimer bezeichnete sich damals als den einsamsten Menschen auf der Welt. (Das scheint jedoch ein Dauerzustand gewesen zu sein.)

1937 starb Oppenheimers Vater und hinterließ ein beträchtliches Vermögen. Die beiden hinterbliebenen Söhne wandten der Ostküste und ihrem Ursprung nun endgültig den Rücken zu. Frank, Oppenheimers jüngerer Bruder, hatte am Caltech studiert und blieb nun in Kalifornien. Er verehrte Oppie wie einen Helden. Auch er war ein hochbegabter Physiker, wenngleich er nicht das gleiche Format besaß wie sein Bruder Robert. Oppenheimer gab einen Teil seines ererbten Vermögens antifaschistischen Organisationen, ohne sich darüber im klaren zu sein, daß sie inzwischen kommunistisch geworden waren. Zwar sympathisierte Oppenheimer mit der politischen Linken, aber er stand dem Sozialismus näher als dem Kommunismus. Im Anfangsstadium seiner Beziehung mit Jean schwankte er noch, doch Stalins Behandlung russischer Wissenschaftler bewirkte, daß er sich unwiderruflich vom Kommunismus abwandte. Oppenheimer hatte zu jener Zeit viele Freunde, die Kommunisten waren, darunter mehrere seiner Forschungsassistenten sowie sein Bruder Frank, aber er selbst ist nie der Partei beigetreten.

Den Sommer verbrachte Oppenheimer immer in New

Mexico. Dort ritt er durch die Berge und vertiefte die Ortskenntnis, die er bei seinem ersten Aufenthalt im Westen als Achtzehnjähriger erworben hatte. Schließlich kauften er und sein Bruder eine abgelegene Hütte hoch in den Fichtenwäldern nordöstlich von Santa Fe. Es war typisch für Oppenheimer, daß er sie seine »Ranch« nannte und »Perro Caliente« (Heißer Hund) taufte. Der Blick von der Wiese, auf der die Hütte lag, war atemberaubend schön.

Oppenheimer bereiste ganz Amerika. Seine originellen Beiträge zur Quantenmechanik und seine Freundschaften mit Kapazitäten wie Heisenberg und Dirac öffneten ihm viele Türen. Seine weitgefächerten Interessen sprachen besonders die Emigranten an, die aus dem faschistischen Europa nach Amerika geflohen waren. Die kühle Höflichkeit seiner Jugend war einem gepflegten Charme gewichen. An der University of Michigan diskutierte er mit Enrico Fermi, der kurz zuvor aus Mussolinis Italien geflüchtet war, über Radioaktivität. Bei einem Besuch der Columbia University in New York traf er den ungarischen Emigranten Leo Szilard, der bereits 1934 die Möglichkeit einer Kernspaltung mit Neutronen vermutete. Entdeckt wurde die Kernspaltung erst Ende 1938. Sie sollte eines Tages zum Bau der Atombombe führen. Am Princeton Institute for Advanced Studies lernte Oppenheimer auch Einstein kennen, der Hitlerdeutschland den Rücken gekehrt hatte, und traf Niels Bohr, der zu Besuch in Amerika weilte. Durch die Anwesenheit der besten jüdischen Wissenschaftler aus

Berlin und Göttingen wurde das neugegründete Institute for Advanced Studies zum Zentrum der theoretischen Physik weltweit. Oppenheimer wußte genug, um bei den Experten mitreden zu können. Seine eigenen originellen Arbeiten wurden von der »Größe« seiner Gesprächspartner nicht in den Schatten gestellt.

Oppenheimers Interesse hatte sich von der Kernphysik der Kosmologie zugewandt, was fast wie ein Echo auf die Veränderungen in seinem Privatleben anmutet. Er befaßte sich nun mit dem Universum. 1939 veröffentlichte er in Zusammenarbeit mit Hartland Snyder eine Arbeit mit dem Titel »On Continued Gravitational Collapse« (Über den fortlaufenden Gravitationskollaps). Sie bezog sich auf Einsteins Relativitätstheorie, in der Einstein darlegt, daß das Licht abgelenkt wird, wenn es nahe an großen Himmelskörpern vorbeigeht. Das bedeutete, daß auch der Raum ähnlich gekrümmt sein mußte. (Einfach ausgedrückt: Nichts kann sich schneller als mit Lichtgeschwindigkeit fortbewegen. Wenn also das Licht gekrümmt ist, dann gibt es keine kürzere Verbindung zwischen zwei Punkten als diese gekrümmte Linie.) Als Teil seiner Allgemeinen Relativitätstheorie legte Einstein einige Feldgleichungen vor, welche genauer auf das Verhältnis zwischen dem gekrümmten Raum und der Verteilung von Masse im Universum eingehen. Sie waren unglaublich komplex und hatten nicht weniger als zwanzig zeitabhängige Gleichungen, in denen die Werte von zehn Unbekannten zu einem bestimmten Zeitpunkt dieselben waren.

Die von Oppenheimer und Snyder zu diesen Gleichungen vorgelegten Lösungen zeigten, daß sich verschiedene merkwürdige Vorgänge abspielen, wenn ein ausgebrannter Stern unter seiner eigenen Schwerkraft zusammenbricht. Der Raum krümmt sich in einer so engen Kurve, daß das von der Oberfläche des Sterns abgegebene Licht wieder ins Innere des Sterns zurückgelenkt wird. Im Inneren des Sterns kann geschehen was will, es ist völlig vom Rest des Universums getrennt. Es entsteht ein in einer Richtung undurchlässiger »Ereignishorizont«. Teilchen und Strahlung können sich dem Stern nähern, doch wenn sie erst einmal im Inneren des »Horizonts« sind, kommen sie nicht wieder heraus. Nichts kann der unglaublichen Gravitationskraft des Sterns entkommen. Statt der mehr oder weniger gleichmäßigen Verteilung der Masse im Raum gibt es Lücken, in die hinein einfach alles verschwindet. Die Zeit ist laut Einsteins Relativitätstheorie eine Dimension des Raumes. Das bedeutet, daß mit dem Raum auch die Zeit jenseits des Ereignishorizonts verschwindet. Die Folge ist eine »Raum-Zeit-Singularität« jenseits des Ereignishorizonts, wo eine unendliche Schwerkraft alles zu endlicher Dichte komprimiert. Alles – Raum, Zeit, Teilchen, Strahlung – verschwindet wie in einem unsichtbaren schwarzen Loch.
Diese Lösung der Einsteinschen Feldgleichungen widersprach der Meinung aller Experten, einschließlich Einsteins persönlicher Auffassung (der sie öffentlich als lächerlich abtat). Das Phänomen wurde auch erst in

den sechziger Jahren »Schwarzes Loch« getauft, als das Konzept allmählich akzeptiert wurde. Oppenheimer und Snyder waren ihrer Zeit weit voraus gewesen.

Das sollte so bleiben, und zwar ohne daß sie etwas dafür konnten. Die Ausgabe der *Physical Review*, in der Oppenheimers Artikel erschien, wurde am 1. September 1939 veröffentlicht, an jenem Tag, als Hitler in Polen einmarschierte und der Zweite Weltkrieg begann. Unheimlicher ist, daß Bohr zufällig in derselben Ausgabe einen Artikel über die Mechanismen der Kernspaltung veröffentlichte, jenen Prozeß, der zur ersten Atombombe führte, mit der schließlich der Krieg beendet wurde. Oppenheimer konnte damals allerdings nicht ahnen, daß Bohrs Artikel sein Leben bald nachhaltig verändern würde.

Bei der Kernspaltung wird der Atomkern in zwei annähernd gleichgroße Hälften geteilt. Dabei werden ungeheure Energiemengen freigesetzt, die sich anhand von Einsteins berühmter Formel

$$E = mc^2$$

berechnen lassen. E steht für Energie, m für die Masse und c für die Lichtgeschwindigkeit. Da sich das Licht mit einer Geschwindigkeit von rund 300 000 Kilometern pro Sekunde bewegt, wird erkennbar, daß eine winzige Masse m in eine unglaublich große Energiemasse E umgewandelt werden kann. Tatsächlich sind die Bruchstücke zusammengenommen etwas leichter, als das ungespaltene Uranatom.

Drei Jahrzehnte lang bestand die Möglichkeit, Masse in Energie zu verwandeln, nur rein theoretisch. Die Situation veränderte sich, nachdem Experimente mit Uran durchgeführt worden waren. Das Uran hatte über ein Jahrhundert zuvor der deutsche Apotheker und Begründer der analytischen Chemie, Martin Klaproth, entdeckt. Klaproth analysierte das Mineral Pechblende und vermutete darin ein neues Element, das er nach dem neuentdeckten Planeten Uranus taufte. Es gelang, das Uran zu isolieren, und man stellte fest, daß es den schwersten bekannten Atomkern besaß. Man stellte ebenfalls fest, daß es über eine Anzahl Isotopen verfügte – Atome desselben Elements mit der gleichen Anzahl von Protonen, aber unterschiedlich vielen Neutronen. (Das bedeutet, daß Isotope gleiche chemische Eigenschaften besitzen, aber unterschiedliches Gewicht.) Diese Uranisotope waren radioaktiv: Ihre Kerne zerfielen spontan und gaben dabei Alphateilchen, Elektronen oder Gammastrahlen ab.
In den dreißiger Jahren weckte dieser Zerfall das Interesse des deutschen Radiochemikers Otto Hahn und seiner österreichischen Kollegin Lise Meitner. Angeregt durch Experimente des Italieners Fermi versuchten sie, den Urankern mit Neutronen zu beschießen, in der Hoffnung, daß dadurch ein neues Element entstehen würde, das noch schwerer als Uran war. Noch während diese Experimente im Gange waren, mußte die Jüdin Lise Meitner 1938 aus Berlin flüchten. Ihr langjähriger beruflicher Mitstreiter Otto Hahn verhalf ihr zur

Flucht. Brieflich hielt er sie über die Ergebnisse ihrer Versuche, die er mit dem Chemiker Fritz Strassmann weiterführte, auf dem laufenden. Im Dezember 1938 zeigte sich etwas, das eigentlich unmöglich war: Das mit Neutronen beschossene Uran schien in Barium zu zerfallen, ein Element, das etwa die Hälfte des Gewichts von Uran hatte.

Lise Meitner erkannte gemeinsam mit ihrem Neffen Otto Robert Frisch, was geschehen war. Der Urankern war in zwei Hälften geteilt worden. Frisch taufte den Vorgang Kernspaltung. Gemeinsam berechneten Meitner und Frisch, daß dabei eine Menge Energie, die vorher den Kern zusammengehalten hatte, freigesetzt werden müßte. Sie berechneten, daß jeder einzelne Atomkern des Urans ganze 200 Millionen Elektronenvolt Energie freisetzte.

Es wurde bald klar, daß mit diesem Verfahren eine Explosion herbeigeführt werden konnte, deren Ausmaße alles Bisherige in den Schatten stellte. Und die Spaltung war in Nazi-Deutschland entdeckt worden.

Bohr kam diese Nachricht im Januar 1939 zu Ohren, kurz bevor er sich nach Amerika einschiffte. Als er über Hahns und Strassmanns Experimente auf dem 5. Kongreß Theoretischer Physiker in Washington vortrug, verbreitete sich die Nachricht wie ein Lauffeuer. Die Idee, eine Bombe zu bauen, lag auf der Hand. Bereits zwei Monate später war experimentell erwiesen, daß bei der Spaltung genügend Neutronen frei wurden, um eine Kettenreaktion auszulösen.

Inzwischen spitzte sich die politische Situation in Deutschland zu. Eine scheinbar harmlose Zeitungsnotiz darüber, daß das Deutsche Reich den Export von Uranerzen aus der besetzten Tschechoslowakei einstellte, weckte den Argwohn des exilierten ungarischen Physikers Leo Szilard. Er bat Einstein, Präsident Roosevelt in einem Brief vor der Gefahr einer deutschen Atombombe zu warnen. Roosevelt, der den Brief im Oktober 1939 erhielt, beriet sich umgehend mit Militärexperten und Wissenschaftlern. Man beschloß, eine amerikanische Atombombe zu bauen, um den Nazis zuvorzukommen. Die Ironie wollte es, daß ausgerechnet Einstein über das höchst geheime Manhattan Project, wie es genannt wurde, nicht informiert wurde. Der Geheimdienst hielt den Mann, dem die Amerikaner ihr Wissen überhaupt erst verdankten, für ein zu großes Sicherheitsrisiko. Er durfte nicht erfahren, was sich abspielte. Das war der Anfang einer Tragikomödie, der viele Unschuldige zum Opfer fallen sollten, während die echten Spione ungestört ihr Unwesen treiben konnten. Es ist schwer, das Ausmaß dieser Absurdität zu übertreiben. Ein Beispiel muß genügen: In jenen Tagen (und insgesamt fast fünfzig Jahre lang, von 1924–1972) stand eine unter Verfolgungswahn leidende Drag Queen an der Spitze des FBI, die von der Mafia erpreßt wurde und die später die Präsidenten erpreßte, um im Amt zu bleiben. Die Rede ist natürlich von J. Edgar Hoover.

In der nicht weniger wunderlichen Welt der Kernphysik

hatte sich inzwischen Szilard mit seinem Kollegen Fermi in Verbindung gesetzt, und gemeinsam machten sie sich daran, die technischen Voraussetzungen für eine Kernspaltung in großem Rahmen auszuarbeiten. Szilard hatte auf diesem Gebiet bereits wichtige Vorarbeit geleistet. Er hatte nachgewiesen, daß der Urankern, wenn er von einem Neutron getroffen und geteilt wurde, in der Regel neben der großen Energiemenge zwei bis drei Neutronen freisetzte – allerdings kam ihm Frédéric Joliot, der Schwager Marie Curies, dabei zuvor. Szilard war sich der Bedeutung des Phänomens bewußt. Wenn man dafür sorgte, daß die Neutronen nicht entkamen, sondern weitere Kerne spalteten, die dann ihrerseits wieder Neutronen freisetzten, würde eine Kettenreaktion ausgelöst, die gigantische Energiemassen freisetzt.

Natürlich war das alles nicht ganz so einfach, wie es klang. Bohr hatte bereits vorausgesagt, daß nur das leichte Uran-235-Isotop gespalten würde (die Zahl bezieht sich auf das Atomgewicht). Dieses Isotop machte jedoch nur 0,7 Prozent des natürlichen Urans aus (d. h. unter 1000 Uranatomen im natürlichen Erz findet man nur 7 Isotope U 235 oder, wie ausgeführt, 1 U 235 auf 140 U 238). Der Hauptbestandteil, das U 238, würde in der Hauptsache nur die auftreffenden Neutronen absorbieren.

1941 baute Fermi einen Kernreaktor auf einem Squash Platz der Universität von Chicago. Fermis Experimente bestätigten binnen kurzem Bohrs Voraussage, daß es bei natürlichem Uran unter normalen Umständen nicht zu einer Kettenreaktion kommt. Man mußte einen Weg finden, daß die freien Neutronen mit dem U 235 reagieren konnten.

Doch das war bei weitem nicht das einzige Problem, mit dem Fermi kämpfte. Wie groß mußte die Uranmenge sein, um eine Kettenreaktion auszulösen? Wie nutzte man die freigesetzten Neutronen am besten, und wie konnte man sicherstellen, daß sie nicht entkamen? Wie konnte man die Reaktion steuern? Wenn der Kern des U 235 gespalten wurde, waren die zwei oder drei freigesetzten Neutronen schnelle Neutronen mit hoher Energie, die leicht vom U 238 absorbiert wurden. Man mußte diese schnellen Neutronen irgendwie verlangsamen, damit sie den Kern des selteneren U 235 spalten konnten.

Fermi löste schließlich das Problem, indem er große Mengen Graphitstäbe in das natürliche Uran einführte. Wenn die schnellen freien Neutronen mit den leichten Atomen des Graphits zusammenstießen, wurden sie langsamer, wodurch sie das U 235 spalten konnten. Dadurch ließ sich eine gesteuerte Kettenreaktion aufrechterhalten. Wurden die Kohlestifte jedoch nicht richtig plaziert, konnte es zu einer unkontrollierten Kettenreaktion kommen. Das wäre das Ende der Wohnblöcke in der Umgebung gewesen und hätte einen beträchtlichen Teil der Stadt vernichtet. Zum Glück für die ahnungslosen Einwohner Chicagos wußte Fermi ziemlich genau, was er tat. Am 2. Dezember 1942 produzierte der erste

Atomreaktor der Welt die erste sich selbst aufrechterhaltende nukleare Kettenreaktion.
Wäre Chicago zerstört worden, hätte sich der Geheimdienst ein paar Erklärungen einfallen lassen müssen. Fermi war italienischer Bürger, und damals waren die USA gegen Italien im Krieg. (Der von dem Projekt ausgeschlossene Einstein war, wie konnte es anders sein, seit mehreren Jahren Bürger der Vereinigten Staaten.)
Um eine wirksame Kernspaltung in großem Rahmen zu erreichen, mußte man das spaltbare U 235 konzentrieren, um auf ein höheres als das in der Natur vorkommende Verhältnis von 1:140 zu kommen. Da die chemischen Eigenschaften der Isotopen nicht unterscheidbar waren, blieb nur übrig, sie nach ihrem Atomgewicht und ihrer Größe mit physikalischen Methoden zu trennen. Eine gewaltige Aufgabe, denn unter atomaren Gesichtspunkten ist der Größenunterschied zwischen den beiden Isotopen minimal. Es wurden verschiedene Projekte ins Leben gerufen, die sich dieser Frage widmen sollten.
Im Westinghouse Research Laboratory in Pittsburgh versuchte man, die schwereren U-238-Isotopen mit Hilfe der Zentrifugalkraft von den U-235-Isotopen zu trennen. Ein genialer Gedanke, nur führte er nicht zum Ziel. An der Columbia University in New York versuchte man es mit der Gasdiffusionsmethode. Dazu wollte man das gasförmige Uran durch eine sehr feine poröse Schranke drücken. Die kleineren U-235-Isotopen würden das Hindernis schneller passieren, und der-

jenige Teil der Mischung, der auf der anderen Seite zuerst herauskam, mußte eine höhere Konzentration von U-235-Isotopen enthalten. Man wollte das Verfahren wiederholen, bis fast reines U 235 gewonnen wäre.
Das Ganze klingt recht einfach, aber wie immer waren die damit verknüpften Probleme beträchtlich. Uran ist weit entfernt davon, ein Gas zu sein, es ist vielmehr ein Schwermetall. Für die Gasdiffusionsmethode mußte es deshalb in eine seiner gasförmigen Verbindungen, in Uranfluorid, umgewandelt werden. Der Haken war, daß Uranfluorid so ätzend war, daß ihm kein Rohr standhielt. Und dasselbe galt natürlich auch für jede Diffusionsschranke, die bei dem Verfahren eingesetzt werden sollte, von den Hähnen oder Pumpen ganz zu schweigen.
Gewaltige Probleme, die ausgeklügelte Lösungen erforderten. Eine neue Industrie wurde ins Leben gerufen. Zuerst mußten die Chemiker mit völlig neuen Materialien eine völlig neue chemische Fabrik bauen, und dann sollte mit der Produktion ernst gemacht werden. Man wählte zwei riesige geheime Areale für die Gasdiffusionsanlagen aus, eine in Hanford, in einem einsamen Tal am Columbia River im Staat Washington gelegen, und eine zweite von 52 000 Morgen im abgelegenen Ort Oak Ridge in Tennessee. (Dort war Oppenheimers Bruder Frank beschäftigt.) Ein paar Zahlen mögen eine Vorstellung von der unglaublichen Größenordnung der Projekte geben. Auf dem Bauplatz in Hanford arbeiteten an die 45 000 Bauarbeiter, und die Fabrik in Oak Ridge war

im größten Gebäude der Welt untergebracht. Es erinnerte an einen riesigen, umgefallenen Wolkenkratzer. Außer Frank Oppenheimer arbeiteten 25 000 Techniker in diesem Gebäude. Amerika meinte es ernst. Für die ersten Vorversuche im Jahr 1939 hatte die Regierung lediglich 6000 Dollar bereitgestellt. Die endgültigen Kosten beliefen sich auf über zwei Milliarden. (Das war eine beträchtliche Summe, wenn man bedenkt, daß die Bauarbeiter weniger als drei Dollar pro Tag erhielten. In der ganzen Menschheitsgeschichte waren noch nie so viele Menschen für ein technisches Projekt zusammengezogen worden. (Für die Pyramiden waren ähnliche Menschenmassen mobilisiert worden, und im zwanzigsten Jahrhundert für den Bau des Weißmeer-Ostsee-Kanals unter Stalin. Doch im ersteren Fall handelte es sich um Sklaven, im zweiten um Zwangsarbeiter und Gefangene des GULAG.) Am Ende des Krieges beschäftigte das Manhattan Project mehr Menschen als die gesamte Automobilindustrie der USA.

Doch das waren alles nur Vorbereitungen zur Herstellung der nötigen Grundstoffe. Noch mußte jemand den Weg finden, wie man daraus eine Bombe baute. Hier ging es um wissenschaftliche Probleme, wie sie noch nie zuvor in Angriff genommen worden waren. Man würde die besten Wissenschaftler des Landes (natürlich abgesehen von Einstein) versammeln müssen. Und irgend jemand würde diese Fachleute dazu anleiten müssen, als Team zusammenzuarbeiten.

Wer hatte das erforderliche wissenschaftliche Kaliber,

und wer brachte die menschlichen Voraussetzungen mit, ein solches Projekt zu leiten? Wer kannte die besten Leute Amerikas, und wer konnte Teams von Spitzenwissenschaftlern motivieren und leiten? Wer war auf dem neuesten Stand in der Kernphysik? Ein einziger verfügte über die nötigen Qualifikationen, und das war J. Robert Oppenheimer.

Die Gesamtleitung des – seit 1942 so genannten – Manhattan Project war mittlerweile in die Hände des Militärs übergegangen, um genau zu sein, in die fleischigen Hände von General Leslie R. Groves. Groves war der Militäringenieur, der gerade das Pentagon erbaut hatte. Beförderung und physische Ausdehnung waren die Folge gewesen, was einen General von 108 kg aus ihm gemacht hatte. Niemand hatte Lust, den Krieg damit zu verbringen, Kindermädchen für ein paar eigensinnige Wissenschaftler zu spielen, deshalb übertrug man dem energischen Groves das Manhattan Project. Er wurde wieder befördert und legte noch ein paar Pfunde zu. Sein Kollege Nichols beschrieb ihn folgendermaßen: »Er ist der gemeinste Schweinehund, mit dem ich je zu tun hatte, aber auch einer der fähigsten Männer. Sein Egoismus war nicht zu übertreffen; er besaß unerschöpfliche Energie – er hatte einen großen schweren Körper, aber er schien nie zu ermüden ... Ich haßte ihn bis aufs Blut, wie es jedermann tat, aber wir verstanden uns auf unsere Art.« Groves mag ein voluminöser Mann gewesen sein, doch nun hatte er eine gigantische Aufgabe vor sich, vor allem, wenn man bedachte, daß sich

seine Berufserfahrung seit seinem Studienabschluß auf die Beaufsichtigung großer Bauvorhaben beschränkt hatte.

Groves und Oppenheimer waren wie Feuer und Wasser. Doch zur allgemeinen Überraschung vertrugen sich der spindeldürre Physiker und der dicke, forsche General. Von Anfang an verstanden sie sich gut. Das war für alle Beteiligten ein Glück. Groves war keineswegs verpflichtet gewesen, Oppenheimer zu wählen. Die Entscheidung lag allein bei ihm, und er hatte den richtigen Riecher gehabt.

Oppenheimers erster Vorschlag lautete, alle Vorbereitungen für den Bau der Bombe an einem einzigen Ort zu konzentrieren. Das betraf die Forschungen zur Chemie und Metallurgie, die Kernphysik (theoretisch und praktisch) und die vorläufigen Detonationsexperimente.

Doch wo sollte dieser höchst geheime Ort liegen? Auch darauf hatte Oppenheimer eine Antwort. Er fuhr mit Groves in die Berge von New Mexico, fünfzig Kilometer nordwestlich von Santa Fé. Hier zeigte er ihm ein Plateau, auf dem eine Internatsschule stand, meilenweit von der nächsten Behausung entfernt, mit Ausblick auf die entfernten Schneegipfel der Sierras. Groves war äußerst beeindruckt. Geheimer konnte kein Ort sein. Und so erfüllte sich Oppenheimer einen alten Traum, seine Leidenschaft für die Wissenschaft mit der für die Berge zu verbinden. Der Name der Schule lautete Los Alamos (Die Pappeln).

Los Alamos lag mehr als 2000 m hoch, und es führte nur ein Eselspfad hinauf. Die nächste Verbindung zur Zivilisation war irgendwo in der Wüste, ein Haltepunkt der Eisenbahnlinie von Santa Fé nach nirgendwo. Wenn man aus dem Zug ausstieg, fühlte man sich wie in der Kulisse für High Noon. Es gab nichts und niemanden, so weit das Auge blicken konnte. Dieser ermutigende Anblick bot sich den dreitausend Arbeitern, die eine Straße in die Berge bauen sollten, um Los Alamos mit dem Rest der Welt zu verbinden. Auch am eigentlichen Bauplatz herrschte geschäftiges Treiben. Wie beim Militär wurden Gruppen von Flachbauten sowie Baracken an breiten Straßen entlang errichtet. Groves, knausrig, wie das Pentagon es an ihm schätzte, beaufsichtigte die Arbeiten. (Er hatte für die Errichtung des neuen Kriegsministeriums erheblich weniger Geld gebraucht als geplant. Doch als die Insassen des neuen Gebäudes die Rechnungen für die Gasdiffusionsanlagen in Hanford und Oak Ridge sahen, fragten sie sich, ob überhaupt noch ein Cent für die Kriegsführung übrigbleiben würde. Man stauchte Groves zusammen und erteilte ihm den strikten Befehl, an allem zu sparen, außer der Bombe.)
Der Ort, der in der Wildnis aus dem Boden gestampft wurde, beherbergte schließlich dreitausend Menschen. Amerikas junge Spitzenwissenschaftler wurden wie die Ölsardinen in vorfabrizierten Baracken untergebracht, die wie eine Strafkolonie entworfen waren. In dieser Hochburg moderner Technologie verzichtete man auf

den Luxus asphaltierter Straßen oder gar Straßenbeleuchtung. Anfänglich hielt man noch nicht einmal eine Klimaanlage oder Heizung für nötig. Dann belehrten die staubige Wüste im Sommer und der eisige Sumpf im Winter die Verantwortlichen eines Besseren. Das Wasser war aber so knapp, daß die Versorgung durch überirdische Wasserleitungen erfolgen mußte. Sie froren im Winter oft zu, doch Tankwagen gab es nicht. Groves hatte an ihnen gespart.

Oppenheimer machte sich nun daran, die besten Wissenschaftler Amerikas zu überreden, hier zu leben und zu arbeiten. Das wäre auch unter günstigeren Umständen nicht gerade eine einfache Aufgabe gewesen, doch Oppenheimer mußte zusätzlich noch einige ungewöhnliche Hürden überwinden. So durfte er den Leuten, die er anheuerte, nicht verraten, wo sie arbeiteten. Er konnte ihnen auch nicht sagen, wie lange das Projekt dauern würde. (Niemand wußte das.) Und er durfte unter keinen Umständen preisgeben, woran sie forschen würden. Oppenheimer muß über erstaunliche Überredungskünste verfügt haben. Einer der rekrutierten Wissenschaftler sagte später, er habe die ganze Sache romantisch gefunden. Alle sollten der Armee beitreten und dann in einem Labor auf einem Berg in New Mexico verschwinden. (Man hat den Verdacht, daß Oppie sich nicht zurückhalten konnte, die Schönheit seines geliebten New Mexico zu erwähnen.) Die Namensliste der Mitarbeiter liest sich wie ein Who's Who der Spitzenphysiker der Generation Oppenheimers und der großen Nachkriegsphysiker. Fermi und von Neumann waren vielleicht die bekanntesten der älteren Generation. Zu den jüngeren zählte der vierundzwanzigjährige Richard Feynman, ein begabter Scherzbold, der später den Nobelpreis erhielt. Zu dem in England rekrutierten Kontingent gehörte Richard Wilkins, der den Nobelpreis für seinen Beitrag zur Entdeckung der DNA erhalten sollte. Es wimmelte nur so von gegenwärtigen und zukünftigen Nobelpreisträgern. General Groves bezeichnete sie in seiner üblichen saloppen Art als die »größte Sammlung von Eierköpfen, die man je gesehen hat«. Und er hatte recht. Weder im Cavendish Laboratory in Cambridge, noch in Göttingen oder Berlin und auch nicht am Institute for Advanced Studies in Princeton waren jemals so viele Genies versammelt gewesen. Auch seither hat es dergleichen nicht mehr gegeben. (Was vielleicht ein Glück ist, angesichts dessen, was sie ausbrüteten.) Nicht alle waren von Oppenheimers Angebot beeindruckt. Szilard, der ausreichend eingeweiht war, um Einzelheiten zu erfahren, protestierte, daß alle in Los Alamos überschnappen würden.

Oppenheimer war offensichtlich der richtige Mann für das Projekt. Oder vielleicht doch nicht? Es sollte nicht lange dauern, und die ersten Zweifel wurden wach. Oppenheimer habe keine Erfahrung in der Verwaltung. In Berkeley habe er nur ein paar kleine Teams von Physikern geleitet. Er mochte einen scharfen Verstand haben und hatte ein paar geniale Einfälle gehabt, die andere

brillante Leute in den Schatten stellten. Da spukte jedoch noch immer das bohrende Problem von der Qualität und Dauerhaftigkeit seiner Arbeit herum. Oppenheimer war ein intellektueller Sprinter. Noch nie hatte er ein langfristiges Projekt beaufsichtigt. (Und konnte es ein größeres als das Manhattan Project geben?) Dann war da noch die Frage seiner experimentellen Fähigkeiten. Seine unpraktische Ader, die sich zum erstenmal in Cambridge gezeigt hatte, war inzwischen zur Legende geworden. Sein Spitzname »Buster Oppie« bezog sich sowohl auf diejenigen Episoden seines Lebens, die Buster Keaton alle Ehre gemacht hätten, als auch auf seine Laborrechnungen. Und selbst bei theoretischen Arbeiten lernten seine Assistenten vor den »Oppenheimer-Faktoren« auf der Hut zu sein, den fehlenden mathematischen Zeichen und Symbolen in seinen Berechnungen.

Dergleichen war in der Gerüchteküche von Los Alamos binnen kurzem Allgemeingut. Doch es gab ganz einfach keinen anderen Wissenschaftler, der die grundsätzlichen Fragen der Teilchenphysik und der Kernspaltung so beherrschte wie Oppenheimer. Er wußte einfach, worüber er redete, gleichgültig mit wem er sprach – möglicherweise mit der Ausnahme von General Groves.

Ironischerweise hatte Groves Oppenheimer gegen die Experten in Washington verteidigt, die seine fachlichen Qualifikationen in Frage stellten. Doch es sollte noch schlimmer kommen. Ob Oppenheimer der ihm gestellten Aufgabe gewachsen war oder nicht, war völlig unwesentlich – in den Augen des Geheimdienstes. Groves erhielt einen alarmierenden Bericht nach dem anderen aus Kalifornien. Oppenheimer sei ein kommunistischer Spion. Seine frühere Freundin – und sein Bruder Frank – seien Mitglieder der Kommunistischen Partei. (Obwohl Franks Parteizugehörigkeit nicht verhindert hatte, daß er einen hohen Posten in der höchst geheimen Oak Ridge Urananlage erhalten hatte.) Groves zeigte Oppenheimer die Berichte und verlangte eine Erklärung. Der nüchterne General war von der Offenheit und den Überzeugungen seines Lieblingsgenies zutiefst beeindruckt. Er befahl den Geheimdienstlern von der Westküste, ihn gefälligst in Ruhe zu lassen (oder so ähnlich).

Oppenheimer hatte das achtunddreißigste Lebensjahr erreicht, als es in seinem Leben wieder zu einer Veränderung kam. Zumindest sah es danach aus. Während einer der Pausen in seiner Beziehung mit Jean Tatlock hatte Oppenheimer die dreiunddreißigjährige Kitty Harrison kennengelernt. Kitty, eine naturalisierte Amerikanerin, war als deutsche Prinzessin geboren. Bei beiden war es Liebe auf den ersten Blick. Mr. Harrison war über die Entwicklung nicht sonderlich beglückt, aber Kitty hatte Erfahrung in Sachen Scheidung (sie hatte bereits zwei hinter sich), und so dauerte es nur wenige Monate, bis sie zum viertenmal heiratete und die erste Mrs. Oppenheimer wurde. Im darauffolgenden Jahr, 1941, kam ein Sohn zur Welt.

Oppenheimer hatte Freude am Familienleben und wurde etwas ruhiger. Statt zu politischen Versammlungen zu gehen, blieben er und Kitty, die seine linken Sympathien teilte, nun lieber zu Hause. Im Sommer 1943 zog die Familie nach Los Alamos. Oppenheimer mußte allerdings alle paar Monate zurück nach Berkeley, um die Verladung von Geräten zu überwachen und weitere Mitarbeiter zu gewinnen. Auf diesen Reisen blieb ihm der FBI immer dicht auf den Fersen. Manchmal traf er sich mit Jean Tatlock, die immer labiler wurde und unbedingt Hilfe brauchte. Mehr als einmal führte das dazu, daß Oppenheimer bei ihr übernachtete. Wir werden nie erfahren, was sich bei diesen Gelegenheiten abspielte. Jedenfalls informierte man Groves, Oppenheimer müsse aus dem Projekt ausscheiden und aus dem Dienst der Vereinigten Staaten entlassen werden. (Die Saubermänner des FBI duldeten weder Kommunisten noch Ehebrecher, in diesem Punkt war J. Edgar Hoover unnachgiebig.)
Doch das Ganze war keine Farce. 1944 beging Jean Tatlock Selbstmord. Der FBI wußte natürlich postwendend Bescheid, doch im Eifer des Bespitzelungsgefechts wurde die Nachricht erst einen Monat später an Oppenheimer weitergegeben. Oppenheimer verließ schweigend das Labor und verschwand einige Stunden in den Wäldern. Mit dem Familienleben in der Einsamkeit stand es nicht zum besten. Kitty griff wieder zur Flasche, wie sie es bereits in ihren drei vorherigen Ehen getan hatte. An arbeitsfreien Abenden mixte Oppenhei-

mer, eisig wie eh und je, die Martinis. So stand es um das Privatleben des Mannes, der einem Team vorstand, das die größte intellektuelle Leistung der Menschheit erbringen sollte.

Die Genies in Los Alamos sahen sich einer höchst komplizierten technischen Aufgabe gegenüber. Wie konnte man die Kettenreaktion, die Fermi in Chicago gelungen war, zu einer funktionstüchtigen Waffe verwandeln? Oder in der schlichten militärischen Sprache des General Groves: Wie konnte man daraus eine Bombe machen, die man jemandem aufs Haupt werfen konnte?

Als erstes mußte das Problem der erforderlichen Uranmenge gelöst werden. Wird eine bestimmte Menge unterschritten (die als kritische Masse bekannt ist), kommt es bei U 235 nicht zur Kettenreaktion. Die Neutronen, die von den gespaltenen Kernen freigesetzt werden, legen gewöhnlich eine bestimmte Strecke zurück, bevor sie einen anderen Kern treffen können. Je größer die Masse des U 235 ist, desto höher wird die Wahrscheinlichkeit einer Kettenreaktion: ein durch die Initialspaltung freigesetztes Neutron wird dann in der Regel einen anderen Kern treffen und spalten, anstatt wirkungslos aus dem Uranwürfel herauszufliegen. Die Kettenreaktion läuft unkontrolliert bei größter Geschwindigkeit ab. Dabei werden enorme Energiemengen frei. Die Folge ist eine atomare Explosion.

Es lag auf der Hand, die Atombombe aus zwei unterkritischen Massen zusammenzusetzen. Doch dies war

nicht ganz so einfach, wie es auf den ersten Blick schien. Das spaltbare Material mußte nämlich mit enormer Geschwindigkeit zusammengebracht werden, um die kritische Masse zu bilden, denn sonst würde die unkontrollierte Kettenreaktion nicht erfolgen.
Um dieses Problem zu lösen, wurde die Geschützmethode entwickelt: Der Sprengstoff wurde gezündet und feuerte das Urangeschoß ab. Wenn dieses das Uranziel traf, war die kritische Masse erreicht, und es kam zu einer Kernexplosion.
Leider stellte sich bald heraus, daß auch diese Methode ihren Haken hatte.

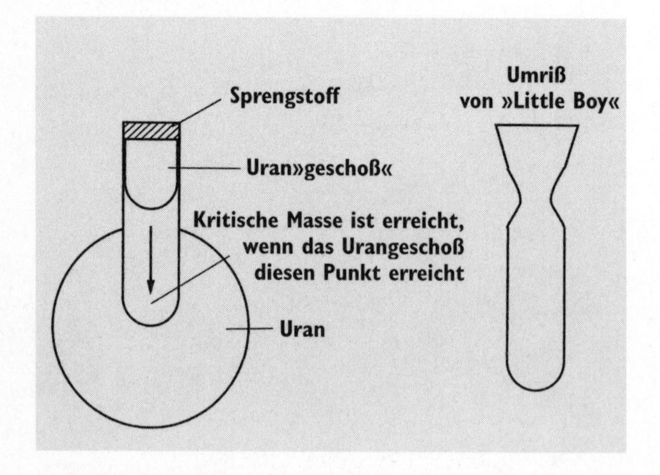

Obwohl die beiden unterkritischen Uranmassen augenblicklich zusammenkamen, gab es das Problem der Kernspaltungsreaktionen an der Oberfläche, die durch

vagabundierende Neutronen ausgelöst wurden und die Bombe zur Explosion bringen konnten, bevor sie vollends kritisch geworden war. Das konnte die Wirkung nachhaltig beeinträchtigen.
Auf dieses Problem stieß man bei den höchst sorgfältigen theoretischen Vorarbeiten. Es gelang, dafür eine Lösung zu finden. Die Antwort hieß Geschwindigkeit. Wenn das Geschoß aus U 235 nur ausreichend schnell abgefeuert wurde, würde das Problem erst gar nicht entstehen. Doch wie schnell würde man es abschießen müssen? Die Rechnungen ergaben, daß es sich 1000 Meter pro Sekunde würde bewegen müssen. Die US Army besaß kein Gewehr, das mit solcher Geschwindigkeit schießen konnte. Oppenheimer und sein Team machten sich an die schwierige Aufgabe, eine entsprechende Abschußvorrichtung zu entwickeln. Die Geschützmethode wurde später in der Bombe »Little Boy« verwendet.
Im Frühsommer 1943 wandte sich Seth Neddermeyer, ein heller Kopf vom Munitionsteam, mit einer neuen Idee an Oppenheimer. Statt die Vereinigung der Teilmengen zur kritischen Masse mit Hilfe eines Geschützes zu erreichen, sei es einfacher, die vorhandene Masse zu konzentrieren, bis sie die nötige Dichte erreiche. Die Explosion könne man dann durch Implosion (schlagartige Zertrümmerung des Gefäßes durch äußeren Überdruck) auslösen. Man müsse eine Metallröhre mit Uran füllen und diese Röhre in ein größeres, mit Sprengstoff gefülltes Rohr stecken. Wenn der Sprengstoff deto-

nierte, würde die Röhre implodieren, das Uran zur kritischen Dichte konzentrieren und so die Kettenreaktion starten!

Die Schwierigkeit bei diesem Verfahren war, daß die Röhre mit dem Uran gleichmäßig zusammengedrückt werden mußte, damit nicht Teile des Urans vorzeitig explodierten, was die volle nukleare Explosion verhindern würde. Der Mathematiker John von Neumann berechnete später, daß die Unebenheiten der Stoßwelle maximal 5 % betragen dürften.

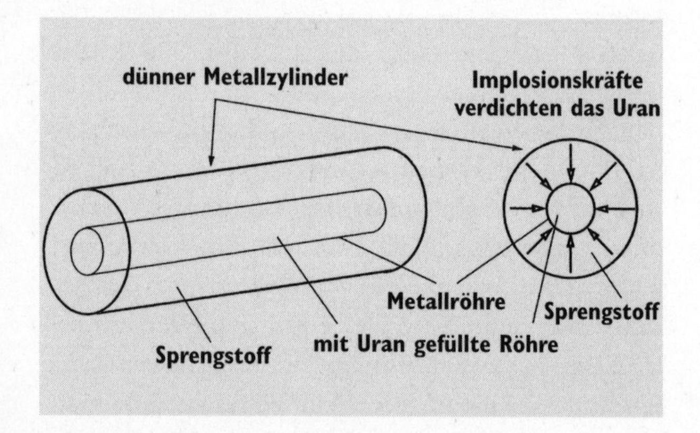

Oppenheimer war von Neddermeyer, den er für originell und intelligent hielt, beeindruckt und beurteilte den Ansatz als raffiniert. Die Genies, die an der Geschützmethode arbeiteten, waren nicht ganz so begeistert. Sie argumentierten, daß die Explosion mit Sicherheit das Uran einfach an den Enden des Rohres hinausdrücken würde, auch wenn man das Rohr noch so fest verschließen würde. Wenn man Neddermeyers Methode wählte, warum sollte man das Uran nicht vollkommen mit einer Kugel aus Sprengstoff umschließen?

Neddermeyer winkte sofort ab. Seiner Ansicht nach waren die technischen Schwierigkeiten einer gleichmäßigen Detonation in einer Kugel unüberwindbar. Außerdem könne man bei einer Kugel experimentell nicht überprüfen, ob die Explosion tatsächlich gleichmäßig war. Nur bei einem Rohr könne man das hinterher untersuchen. Oppenheimer stimmte Neddermeyer zu. Er schickte Neddermeyer und sein Team mit einem großen Vorrat an Sprengstoff in die Wüste.

Den ganzen Sommer des Jahres 1943 dröhnten täglich die Explosionen durch die Täler um Los Alamos, als Neddermeyer und sein Team sich den Weg zu einer Lösung freizusprengen versuchten. Doch sie konnten sich anstrengen, wie sie wollten, das implodierte Rohr war immer verbogen. Das war ein Zeichen dafür, daß die Explosion nicht gleichmäßig erfolgte. Dann hatte der geniale Neddermeyer den Einfall, daß es bei seiner Methode wie bei der Geschützmethode allein auf Geschwindigkeit ankam. Doch um die Implosion schneller herbeizuführen, brauchte er keinen Hochgeschwindigkeits-Abschußmechanismus, sondern nur höhere Sprengkraft.

Noch lautere Explosionen hallten in den Hügeln wider. Dann stellte sich heraus, daß das Experiment ein Eigentor war: War eine bestimmte Sprengkraft erreicht, wurde das Rohr schlichtweg zerfetzt! Es ließ sich also nicht mehr nachvollziehen, ob die Implosion überhaupt stattgefunden hatte. Oppenheimer bestand eisern darauf, daß bei dem »gadget« (Spielzeug mit allerlei Schikanen), wie die Bombe in Los Alamos getauft worden war, nichts dem Zufall überlassen wurde.

(Die Namen der Bomben – »The Gadget«, »Little Boy« und später »Fat Man« [für die Implosionsbombe] – sind im nachhinein verräterisch: Wie unschuldig sie klingen! Die Mitarbeiter des Projekts behaupteten hinterher, der Druck sei so groß gewesen, daß niemand Zeit gehabt hätte, darüber nachzudenken, was er da eigentlich machte. Selbst diejenigen, denen später Zweifel ob der Bombe und deren Auswirkungen auf die Weltgeschichte kamen, sprachen diese Bedenken erst in den späteren Stadien aus und dann auch nur, wenn sie unter sich waren. Die Ungeheuerlichkeit dessen, was sie machten, war den meisten noch nicht aufgegangen.)

Mittlerweile lief das Programm zur Produktion der Einzelteile der Bombe weiter. »Fat Man« brauchte eine Menge Futter. Die Probleme, die überwunden werden mußten, blieben weiterhin gigantisch. Die Gasdiffusionsmethode, mit der das natürliche Uran mit höheren Konzentrationen von Uran 235 angereichert werden sollte, machte riesige Mengen ätzenden Uranfluorids erforderlich, das durch eine Membran gepumpt werden sollte. Es bedurfte ganzer Tonnen von Uran (die dann in Gas umgewandelt werden mußten), um weniger als einen Teelöffel voll Uran 235 zu erhalten, und das war nur zu 15 % rein. Die Fabrikanlage in Oak Ridge, die in einem Gebäude untergebracht war, das aussah wie ein auf dem Rücken liegender Wolkenkratzer, brauchte das größte Vakuum-System, das je gebaut wurde. Es verbrauchte mehr Strom als ganz Pittsburgh, und es benötigte soviel Kupfer, daß in kürzester Zeit sämtliche Kupferreserven der USA erschöpft waren. Als Ersatz schickte man von Ford Knox 6000 Silberbarren aus den Reserven der Regierung und machte Silberdraht daraus. (Das Silber sollte nach dem Krieg wieder zurückgegeben werden, abzüglich des »Schwunds«, der sich einstellt, wenn Silber durch die Hände von Fachkräften geht.) Die Magnete, für die der Silberdraht verwendet wurde, wogen bis zu 10 000 Tonnen. Sie waren so stark, daß die Arbeiter fühlen konnten, wie sie ihnen die Nägel aus den Stiefeln zogen. Dieser ganze Aufwand wurde betrieben, nur um eine kaffeebohnengroße Menge spaltbaren Materials zu produzieren. Doch selbst Anstrengungen dieser Größenordnung reichten noch nicht aus.

Es hätte wohl nie funktioniert, wenn Fermi nicht eine wichtige Entdeckung gemacht hätte. Während seiner Experimente mit dem ersten Kernreaktor der Welt in Chicago hatte er kleine Mengen des neuentdeckten Elements Plutonium produziert, in Form seines radioaktiven Isotops Plutonium 239 (Pu 239). Das war ein großer Schritt nach vorn, denn Pu 239 hatte eine kritische Masse, die nur ein Drittel von der des Urans 235 betrug. Noch nützlicher war es, daß Plutonium 239 im Reaktor aus Uran 238 entstand. Die großen Mengen unspaltbaren Urans 238, die übrigblieben, nachdem das Uran 235 extrahiert wurde, fingen Neutronen ein, so daß sie sich durch eine Kernreaktion in das schwerere Element Plutonium 239 verwandelten.

Plutonium war ein weiterer Stoff, der in einer Atombombe verwendet werden konnte. Die Riesenanlagen in Oak Ridge und Hanford begannen nun auch mit der Plutoniumproduktion. Doch mit Brachialgewalt war nichts zu erreichen. Neben höchster Geschicklichkeit (in großem Rahmen) war allerhöchste Vorsicht erforderlich (und zwar in noch größerem Rahmen). Spaltbares Plutonium ist wegen seiner starken Alphastrahlung tödlich. Diese Teilchen werden direkt vom Knochenmark aufgenommen und verursachen Leukämie. Mengen über 0,13 mg, kaum mehr als ein Staubkorn, sind für Menschen tödlich.

Trotz der gewaltigen Anstrengung und der zusätzlichen Herstellung von Plutonium blieben die Mengen spaltbaren Materials, die 1943 produziert wurden, erbärmlich gering. Die riesigen Generatoren in Oak Ridge fielen oft wochenlang aus, und als wäre das alles nicht schon genug gewesen, wurden die Wissenschaftler des Manhattan Project durch die Neuigkeiten, die Niels Bohr nach Amerika mitbrachte, noch mehr unter Druck gesetzt.

1943 war es Bohr (er floh unmittelbar nach dem Einmarsch der Deutschen) gelungen, aus dem besetzten Dänemark zu fliehen. Über das neutrale Schweden war

er heimlich (über die Nordsee) nach Großbritannien geflohen. Als er später, zusammen mit einigen britischen Kernphysikern, in Los Alamos ankam, brachte er äußerst alarmierende Informationen. Kurz vor seiner Flucht war Bohr von Werner Heisenberg besucht worden, einer der wenigen Spitzenwissenschaftler, die in ihrer Heimat geblieben waren. Bohr hatte ihn gefragt, ob die Deutschen an der Atombombe arbeiteten. Heisenberg hatte um den heißen Brei herumgeredet, was Bohr vermuten ließ, daß sie mit der Entwicklung schon sehr weit seien. Das war die Neuigkeit, die er, kaum in Los Alamos angekommen, an Oppenheimer weitergab.
Oppenheimer wußte, daß keine Zeit zu verlieren war. Er wußte aber ebenfalls nur allzu genau darüber Bescheid, was in Los Alamos los war: Die technischen Probleme waren noch immer unüberwindbar. Hinzu kam, daß der Geheimdienst von Los Alamos alles andere als hilfreich war. Auch er hatte inzwischen gemerkt, daß Oppenheimer über alles, was sich abspielte, informiert war. Die Mitarbeiter des Geheimdienstes waren zu dem Schluß gekommen, daß Oppenheimer mit Sicherheit ein kommunistischer Spion war. Oppenheimer konnte keinen Schritt tun, ohne von einer Gruppe »Aufpasser« begleitet zu werden, angeblich zu seiner eigenen Sicherheit. Das eigentliche Sicherheitsrisiko war aber mit den neu eingeflogenen britischen Wissenschaftlern entstanden. Unter ihnen befand sich nämlich der russische Spion Klaus Fuchs, der schon bald darauf Verbindung

mit einem gleichgesinnten Freund aufnahm. Regelmäßig fuhr er mit dem Auto nach Santa Fé und gab die neuesten Nachrichten über Amerikas Atombombenprojekt weiter. Sie fanden im Handumdrehen ihren Weg nach Rußland.

Die Leitung eines Teams von Spitzenwissenschaftlern unterscheidet sich nicht sehr von der Leitung anderer Gruppen, die Höchstleistungen vollbringen, seien es Opernsänger oder Fußballer. Jeder kennt den garantiert sicheren Weg zum Erfolg – seinen Weg. Und für jedes Problem gibt es nur eine einzige Lösung, und jeder weiß, wie sie heißt. Wissenschaftler sind selten zurückhaltend, besonders wenn sie um ihre Stärken wissen und in ihrem ureigenen Fachgebiet arbeiten (was nahezu für alle zutraf, die an den Besprechungen in Los Alamos teilnahmen). Oppenheimer war in allen wichtigen Gebieten ausreichend zu Hause, um Respekt zu genießen, und er war klug genug, sich bei Wettbewerben im Anschreien herauszuhalten. Hinterher besänftigte er die Kontrahenten und erläuterte ihnen seine Entscheidung. Sehr wenige wurden entlassen, und diejenigen, die ins Abseits geschoben wurden, leisteten dennoch ihren Beitrag. Häufig eröffnete ihre Perspektive eine weitere wichtige Dimension. Oppie war ein höchst geschickter Taktiker (außer wenn es um seine politischen Überzeugungen ging).

Doch bestimmte Probleme ließen sich einfach nicht lösen. Oppenheimers Glaube an Neddermeyer und dessen Implosionsmethode wurde bis zum äußersten strapaziert. Anfang 1944 sahen ganze Landstriche um Los Alamos herum so aus, als seien sie bereits einer Atomexplosion zum Opfer gefallen. Doch es kam wissenschaftlich nichts dabei heraus. Dann kam der Tag, an dem wieder eine Explosion fehlschlug. Die Folgen überraschten alle, vor allem Neddermeyer. Denn nun explodierte zum erstenmal Oppie, nämlich vor Wut. Er brüllte Neddermeyer an, verbannte ihn in ein obskures Labor und verbot ihm, jemals noch irgend etwas zur Explosion zu bringen, und sei es nur ein Streichholz. Die Implosionsmethode war gestorben!

Kaum hatte sich Oppenheimer wieder beruhigt, wurde ihm klar, daß er einen Fehler gemacht hatte. Man entdeckte, daß die alternative Geschützmethode scheinbar nicht anwendbar war, weil Plutonium eine große Menge »vagabundierender« Neutronen abgab. Diese würden mit Sicherheit eine vorzeitige Explosion auslösen. Deshalb gab es keinen anderen Weg, als die Implosionsmethode zum Funktionieren zu bringen. Mit Ingrimm gestand Oppenheimer dies zu und befahl dem Implosionsteam, sich wieder an die Arbeit zu machen. Allerdings ohne Neddermeyer. (Alles hatte seine Grenzen.)

Nachdem das Team seinen auf eine bestimmte Methode fixierten Leiter losgeworden war, war die Bahn frei, mit der Kugel zu experimentieren. Wie sollte man den Sprengstoff anordnen, um eine gleichmäßige Detonation zu garantieren? Junge Spitzenphysiker wie Richard Feynman und alte Meister wie der Mathematiker von

Neumann zerbrachen sich den Kopf, um die Antwort zu finden. Welche Mathematik beschrieb das Geschehen? Welche Formel ließ sich aus dieser Masse von Zahlen ableiten? Welche Wirkung hatte eine sphärische Implosion, die durch einen Klumpen Plutonium von der Größe eines kleinen Fußballs ging? Soviel sie wußten, bestand die Aufgabe darin, das Fortschreiten einer sphärischen Detonationswelle in einer kompressiblen Flüssigkeit zu berechnen. Unter einem Druck, der stärker war als im Mittelpunkt der Erde, würde das Plutonium nämlich innerhalb von Mikrosekunden 50 000 000 °C heiß werden und zu einer kompressiblen Flüssigkeit schmelzen. Nobelpreisträger (und solche, die es werden sollten) zermarterten sich das Gehirn über diesen Zahlen. Abends entspannten sich der brillante Wahrscheinlichkeitstheoretiker Feynman und der große Spieltheoretiker von Neumann beim Pokern und verloren wie die anderen Genies ihr Geld an einen Labortechniker mit Las Vegas-Sonnenbrille, der sich vor dem Militärdienst drückte. Wenn ihnen die Anstrengung zu sehr zusetzte, gingen Feynman und von Neumann dort spazieren, wo sich einst Täler befanden, und versuchten, ihre theoretischen Probleme anders anzugehen, sie aus einer Perspektive zu betrachten, die scheinbar unwichtig war, sich aber doch als fruchtbar herausstellen mochte. Beiden war bei ihren Berechnungen aufgefallen, daß eine Stoßwelle im Material unvorhersehbare, gewundene Druckspuren hinterlassen müßte. Feynman führte dies auf Fehler in seinen Berechnungen zurück, aber von Neumann war überzeugt, daß es sich um ein reales Phänomen handelte. In ihren zwanglosen Gesprächen arbeiteten die beiden die ersten Grundgedanken der Chaostheorie aus.

Endlich fanden sie eines Tages heraus, wie die Implosionsmethode mit Sicherheit eine gleichmäßige Detonation hervorrufen würde. Man ordnete den Sprengstoff in symmetrischen Keilen um das spaltbare Material herum an. Dadurch waren die Stoßwellen ganz präzise auf den Kern konzentriert.

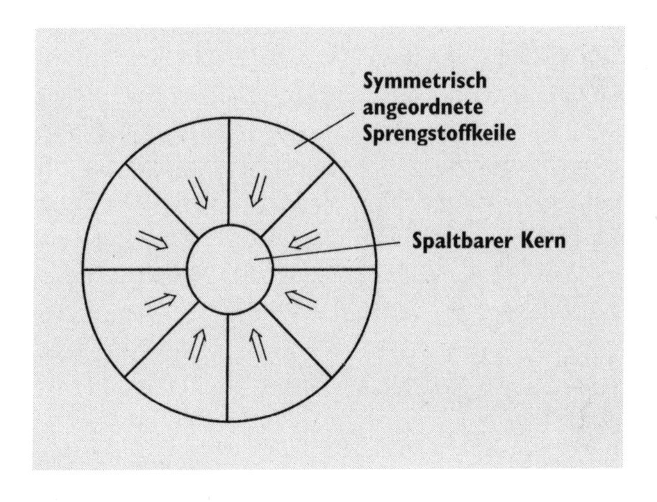

Alle Keile würden gleichzeitig zur Detonation gebracht.

Um jedoch einen maximalen, gleichmäßig verteilten Druck zu garantieren, variierte man die Anordnung ein wenig. Mit Hilfe einer Mischung aus schnellen und

langsamen Sprengstoffen sollten die Stoßwellen auf der Oberfläche des spaltbaren Materials konzentriert werden, so daß sich ihr Aufprall auf dem gekrümmten Kern gleichmäßig verteilte.
Das Zentrum der Welle verlangsamt sich auf dem Weg durch den langsamen Sprengstoff, wodurch gewährleistet wird, daß sie genau auf seine sphärische Oberfläche »paßt«, wenn sie den zentralen Kern erreicht. »Fat Man« hatte das Teststadium erreicht.

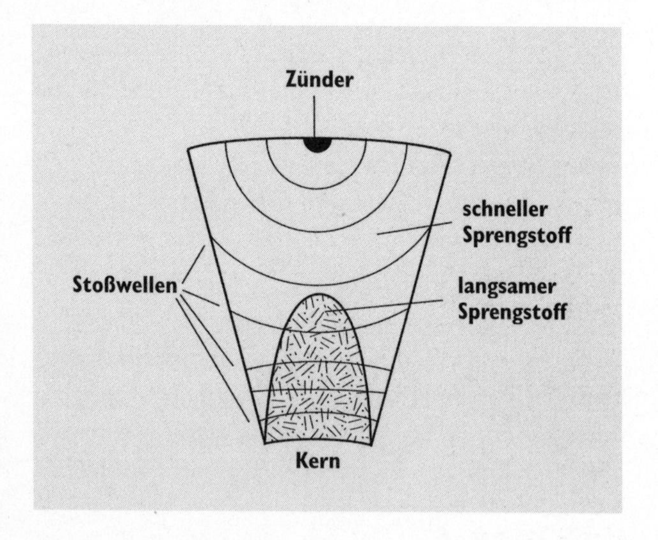

Inzwischen forderten die ständigen Höchstleistungen von allen Mitgliedern des Teams ihren Tribut. Abgesehen von den Trotzanfällen der »Primadonnen« gab es auch die ersten ausgewachsenen Nervenzusammenbrüche. Selbst der sonst so gefühlskalt wirkende Oppie stand sichtbar unter Hochspannung. Im Frühjahr 1945, während »Gadget« endlich zusammengebaut wurde, verlor er dramatisch an Gewicht. Er war über 1,80 m groß und wog nur wenig über 70 kg. Das waren nur die physischen Auswirkungen des Drucks, die psychischen kann man sich vorstellen. Oppie war der Typ, der solche Dinge mit sich selbst ausmachte. Er blieb der coole Kettenraucher, da konnte die sich vernachlässigt fühlende Kitty noch so schreien und Gläser zertrümmern.

Die erste Atombombe der Welt sollte in Alamogordo, 180 Kilometer südlich von Albuquerque in der Wüste von New Mexico, an einer Stelle namens »Trinity« gezündet werden. Es war eine Plutoniumbombe, die auf einem 33 m hohen Stahlturm detonieren sollte. Neun Kilometer von diesem »Punkt Null« entfernt sollte die Explosion von Oppenheimer und seinen versammelten Experten von einem geschützten Bunker aus überwacht werden. VIPs und weniger wichtiges Personal sollten sich das Ganze vom zwanzig Meilen entfernt liegenden Trinity Camp ansehen.

Die Berechnungen der freiwerdenden Energie bei der Explosion variierten. Der emigrierte deutsche Physiker Hans Bethe schätzte, daß sie sich in der Gegend von fünftausend Tonnen TNT bewegen würde, und diese Zahl wurde allgemein für realistisch gehalten. Alle machten sich Sorgen um den radioaktiven Niederschlag, doch niemand konnte dessen Intensität oder Wirkung mit Sicherheit vorhersagen. Das waren nicht

die einzigen Unwägbarkeiten. Ein jeder war sich dessen bewußt, daß er eine Reise ins Unbekannte antrat.
In den frühen Morgenstunden des 6. Juli 1945 versammelten sich Oppenheimer und sein Team im Bunker. Der lange, krähenhafte Oppenheimer rauchte pausenlos und goß schwarzen Kaffee hinunter, während sein Team die letzten Vorbereitungen traf. Es war 5.30 Uhr, als der Countdown endlich bei Null angelangt war. Die Dunkelheit der letzten Nachtstunde wurde plötzlich von einem blendenden Blitz zerrissen. Ihm folgte eine unheimliche, geräuschlose Hitzeexplosion. Einige Augenblicke später fetzte das Gebrüll der Schockwelle über den Bunker. Das Wüstental warf das Echo immer wieder zurück, während die Erde unter ihrer Gewalt hüpfte und polterte. Die Menschen im Bunker sahen von Ehrfurcht ergriffen zu, wie ein riesiger geschmolzener Feuerball vom Horizont aufstieg. Strahlender als die Sonne warf er sein orangefarbenes Licht auf den Wüstenboden, während er zum Himmel hinaufstieg. Es bildete sich ein übergroßer Wolkenpilz, der langsam zwölftausend Meter hoch in die obere Atmosphäre stieg. Oppenheimers hageres Gesicht spiegelte Entsetzen, und eine Zeile der Bhagavadgita ging ihm durch den Sinn:

> »Ich bin der Tod, der alles raubt,
> Erschütterer der Welten.«

Im Lager hatte Fermi für sich selbst ein kleines Experiment durchgeführt. Als die Stoßwellen das Lager erreichten, nachdem sie bereits dreißig Kilometer durch die Wüste zurückgelegt hatten, ließ Fermi unbeobachtet einige Papierfetzen zu Boden fallen. Nach der Strecke, die sie von der Druckwelle getragen wurden, berechnete er die Größenordnung der Explosion auf zwanzigtausend Tonnen TNT. Das war das vierfache von dem, was Bethe geschätzt hatte. Die Instrumente zeigten, daß Fermi sich nicht getäuscht hatte. Der dreiunddreißig Meter hohe Stahlturm an Punkt Null war einfach verdampft, und die große Hitze hatte den Wüstensand in einem Umkreis von mehr als siebenhundert Metern zu einer Glasfläche verschmolzen.

Die Welt war ins Atomzeitalter eingetreten.

Doch wie sollte die unmittelbare Wirkung dieser neuen Waffe aussehen, die der Menschheit zum ersten Mal die Macht gab, sich selbst auszulöschen? Die Nachricht von Deutschlands Kapitulation hatte Trinity vor der Testexplosion erreicht, gerade als die letzten Explosionsversuche durchgeführt wurden. Endlich war das Wettrennen mit den Deutschen vorbei. Sicherlich brauchten die Tests nun nicht mehr fortgesetzt zu werden.

Doch man informierte Oppenheimer, es habe sich nichts geändert. Ein neuer Präsident kam an die Macht (Roosevelt war gestorben, Truman war sein Nachfolger). Das Ziel war nun statt Deutschland Japan, aber sonst hatte sich gar nichts geändert.

Aber schon in einem früheren Stadium war das Manhattan Project nicht mehr aufzuhalten gewesen. Bohr überkamen beispielsweise nicht lange nach seiner Ankunft in den Vereinigten Staaten die ersten unguten Gefühle bei dem Gedanken an Atomwaffen. 1944 hatte er an Roosevelt geschrieben und ihn aufgefordert, die Alliierten, einschließlich der Russen, in das Geheimnis der Kernspaltung einzuweihen, damit es zu einer internationalen Absprache über die Kontrolle dieser Waffen käme. Doch das Thema war gefühlsbeladen. Als Churchill von Bohrs Vorschlag hörte, erklärte er, Bohr gehöre hinter Gitter. Im Frühjahr 1945 schickte Szilard bereits seine zweite Petition an Präsident Roosevelt, die von mehreren bedeutenden Wissenschaftlern unterschrieben war. Er verlangte die Bildung einer internationalen atomaren Kontrollkommission. Seine Worte waren prophetisch: »Die vielleicht größte Gefahr, die uns unmittelbar droht, ist die Wahrscheinlichkeit, daß die ›Demonstration‹ der Atombombe einen Wettlauf in der Produktion dieser Waffe zwischen den Vereinigten Staaten und Rußland auslösen wird.«

Oppenheimer unterzeichnete Szilards Petition nicht. Auch er war von Unbehagen erfüllt, sprach aber selten darüber, und dann nur in Rätseln. »In grober Weise … haben die Physiker die Sünde kennengelernt, und diese Erfahrung ist unverlierbar«, sagte er nach dem Trinity-Test. Später »rationalisierte« er seine Position: »Ich habe meine Ängste und die Argumente gegen die Bombe (und ihren Abwurf) nicht verheimlicht, aber ich bin ihnen nicht gefolgt.« Truman gegenüber bekannte er schließlich: »Mr. President, an meinen Händen klebt Blut!« Truman soll sein Taschentuch aus der Tasche gezogen und erwidert haben: »Wollen Sie sie abwischen?« Truman war zwar Vizepräsident gewesen, hatte aber vom Manhattan Project bis zu seiner Wahl wenige Wochen vor dem Trinity-Test keine Ahnung gehabt.

Auf der Konferenz der Alliierten in Potsdam, nach dem Sieg über Deutschland, teilte er Stalin mit, die Amerikaner seien im Besitz einer neuen Superwaffe. Stolz verkündete er, sie sei soeben mit Erfolg in der Wüste von New Mexico getestet worden. Zur großen Verblüffung Trumans blieb Stalin gelassen. Schließlich war er durch seinen Geheimdienst Jahre vor Truman über das Manhattan Project informiert gewesen! Trocken erwiderte Stalin, er hoffe, die Amerikaner würden im Krieg gegen die Japaner guten Gebrauch von der Bombe machen.

Und so geschah es. Unter strengsten Sicherheitsvorkehrungen gegen alle russischen Spione (die nicht schon vor Ort waren!) machte sich das amerikanische Militär daran, den Abwurf der Atombombe vorzubereiten. (In Los Alamos hatte Klaus Fuchs einige Monate zuvor Verstärkung bekommen durch den Bruder Ethel Rosenbergs, die mit ihrem Mann Julius Rosenberg zu den berühmtesten russischen Spionen zählte – tatsächlich stellte sich nach der teilweisen Offenlegung der KGB-Akten heraus, daß die beiden nur eine untergeordnete Rolle gespielt hatten. Sie war keineswegs vergleichbar mit derjenigen von Klaus Fuchs.)

Am 6. August 1945 um 9.14 Uhr warf ein US-Bomber die mit Uran gefüllte Atombombe vom Typ »Little Boy« auf Hiroshima ab. In einem einzigen Augenblick lagen sechs Quadratkilometer der Stadt in Trümmern. 66 000 Menschen wurden getötet und 69 000 verletzt. (Durch die Spätfolgen stiegen diese Zahlen um mehr als das Doppelte.) Drei Tage später warfen die Amerikaner eine Plutoniumbombe vom Typ »Fat Man« über Nagasaki ab. Am folgenden Tag kapitulierten die Japaner.

Unzählige Menschen mußten durch die Atombomben ihr Leben lassen, doch zugleich verdanken Tausende von Japanern und Amerikanern der japanischen Kapitulation das Leben. Die Japaner hatten den Befehl erhalten, bis zum letzten Mann zu kämpfen. Im Kampf um die Pazifikinsel Iwo Jima hatten sie gezeigt, daß sie die Absicht hatten, diesen Befehl zu befolgen. In der Diskussion wird häufig eine wichtige Tatsache übersehen: Genau fünf Monate vor Hiroshima hatten Luftangriffe der amerikanischen B-29-Bomber 83 000 Menschen in Tokio getötet (das heißt 17 000 Menschen mehr als ursprünglich in Hiroshima), und darüber hinaus anderthalb Millionen Menschen obdachlos gemacht. Hätten die Amerikaner mit den konventionellen Bombardements fortfahren sollen, statt Atomwaffen einzusetzen? Wenn die Japaner sich nach einem Luftangriff, der weite Teile ihrer Hauptstadt in Ruinen verwandelt hatte, nicht ergeben hatten, was hätte sie dann dazu bewegt?

Im Oktober 1945 nahm Oppenheimer von Los Alamos Abschied, um ins akademische Leben zurückzukehren. In seiner letzten Ansprache vor den Wissenschaftlern und Sicherheitsbeamten nahm er kein Blatt vor den

Mund. »Wenn Atombomben den Waffenbeständen kriegführender oder sich zum Krieg rüstender Nationen hinzugefügt werden, dann wird die Zeit kommen, da die Menschheit die Namen Los Alamos und Hiroshima verfluchen wird.«

Oppenheimer kehrte ans Caltech zurück. Er wußte, daß er dem, was er getan hatte, nie entkommen konnte, selbst wenn er es gewollt hätte. (In dieser Frage sollte Oppenheimer sein ganzes Leben lang gespalten bleiben. Er war stolz, der »Vater der Atombombe« zu sein, auch wenn sein Unbehagen darüber wuchs.) 1947 nahm er den Posten als Vorsitzender des General Advisory Committee (Allgemeiner Beratungsausschuß) der Atomic Energy Commission (Atomenergiekommission) an.

Im selben Jahr übernahm er auch den Vorsitz des Institute for Advanced Studies in Princeton, das mittlerweile ohne jeden Zweifel zum besten theoretischen Forschungszentrum der Welt avanciert war. Hier stand er Größen wie Einstein, Gödel und von Neumann vor, den Göttern der mathematischen Welt. Oppenheimer war an derlei Gesellschaft gewöhnt und hatte seine Freude daran. Von der Organisation des Instituts war er allerdings nicht beeindruckt. Es war ein Elfenbeinturm, dessen große geistige Leuchten in hilfloser Verlassenheit vor sich hinforschten. Gödel, der die Mathematik durch seinen Unvollständigkeitssatz ins Wanken gebracht hatte, arbeitete offenbar auf seine eigene Zerstörung hin. (Er hungerte sich zu Tode.) Und selbst der kultivierte von Neumann war inzwischen so zerstreut, daß er einmal auf dem Weg nach New York seine Frau von unterwegs anrufen mußte, um sie zu fragen, warum er eigentlich dorthin fuhr. Oppenheimer stimmte mit Einstein überein, daß ein wenig frischer Wind nicht schaden könne.

Oppenheimer holte also junge Leute nach Princeton, die aber nur kurze Zeit blieben. Seiner Meinung nach gab es am Institut auch zu viele Mathematiker, und er versuchte, das Gleichgewicht zugunsten der Physiker zu verbessern. Es liegt in der Natur der Sache, daß selbst theoretische Physiker in der Regel mehr Verbindung zu ihrer Umwelt haben als Mathematiker. Oppenheimer selbst war ein leuchtendes Beispiel. Seit er in Princeton wohnte, wurden seine Verbindungen nach Washington enger. Er war dort eine Art Graue Eminenz, und sowohl die eigene Regierung als auch ausländische Mächte konsultierten ihn immer häufiger in wissenschaftlichen Fragen. Oppenheimer genoß seinen neuen Status, der allerdings seiner Arroganz Auftrieb gab.

Es war die kälteste Phase des Kalten Krieges. Amerikanische Truppen bekämpften die Kommunisten in Korea, und die Russen verkündeten aller Welt, daß auch sie nun über die Atombombe verfügten. Dennoch empfahl die von Oppenheimer geleitete Atomic Energy Commission der amerikanischen Regierung, keine Wasserstoffbombe zu entwickeln. (Vorsichtige Schätzungen sagten voraus, daß sie hundertmal stärker sein würde als es die Atombombe war.) Diese Entscheidung war umstritten und wurde binnen kurzem vom Vorsitzenden der Atomic Energy Commission, Konteradmiral Lewis L. Strauss, aufgehoben. Die Zeiten waren schwierig. Das Agentenpaar Rosenberg war soeben verhaftet worden, weil es den Russen atomare Geheimnisse verkauft hatte, und Senator McCarthy hatte seine berüchtigten kommunistischen ›Hexenjagden‹ eröffnet, die unzähligen Unschuldigen die Laufbahn zerstören sollten.

Die McCarthy-Ära brach an. Doch obwohl Oppenheimer Schwierigkeiten mit dem Geheimdienst und dem FBI gehabt hatte, fühlte er sich ziemlich sicher. Immerhin hatte er eine wichtige Rolle für den Sieg Amerikas gespielt. Und nun hatte er Freunde in ausgesprochen hohen Positionen. Doch je höher er stieg, desto hochnäsiger wurde er. Dummen gegenüber war er schon immer wenig nachsichtig gewesen, und warum sollte er sich ausgerechnet jetzt ändern? Besonders wenn der Narr, um den es ging, der übereifrige Vorsitzende der Atomic Energy Commission war, der das wohlüberlegte, behutsame Vorgehen des Vorsitzenden seines Beratungskomitees – nämlich Oppenheimers – nicht ausstehen konnte.

Es half alles nichts: der frühere Konteradmiral Lewis L. Strauss konnte den Intellektuellen Oppie nicht ab. Als junger Mann war Strauss Hausierer gewesen, der in der Bergbauregion von West Virginia Schuhe verkauft hatte. Er hatte in seinem ganzen Leben keinen Fuß in eine Universität gesetzt. Kaum in New York, entdeckte er, wie man an der Wall Street zu Geld kommt. Bei

Kriegsausbruch war er Multimillionär. Das verhalf ihm zu einer Kommission in der Navy, wo er zum Konteradmiral aufstieg und später ein mächtiger Mann in Washington wurde. Strauss handelte nach dem Grundsatz: Wer nicht meiner Meinung ist, kann gehen. Er hatte sich in den Kopf gesetzt, die Wasserstoffbombe zu bauen. Als Oppenheimer nicht mitzog, ließ Strauss ihn überprüfen.

Oppenheimer hatte für diese Art Behandlung nur die Verachtung übrig, die sie verdiente. Nur leider übertrieb er es ein wenig. 1953, als er aufgefordert wurde, bei einer öffentlichen Anhörung vor der Atomic Energy Commission auszusagen, konnte er es sich nicht verkneifen, ihrem Vorsitzenden eins auszuwischen. Bei seinem Verhör führte Oppenheimer ungerührt sowohl die völlige Unbelecktheit des Komitees in kernphysikalischen Fragen als auch die antikommunistische Paranoia seines Vorsitzenden vor. Als das Komitee wissen wollte, wie wichtig die radioaktiven Isotope für die Verteidigung seien, erwiderte Oppenheimer, sie seien viel wichtiger als beispielsweise Vitamine.

Einige Zuhörer kicherten, und Strauss warf Oppenheimer einen finsteren Blick zu.

Die Isotope könnten aber doch dazu verwendet werden, Atomenergie zu erzeugen, fragte das Komitee hartnäkkig.

Oppenheimer stimmte zu, fügte aber hinzu, daß man zur Erzeugung der Atomenergie auch eine Schaufel verwenden könne. Daß man sogar eine dafür brauche.

Brüllendes Gelächter. Strauss stand kurz vor dem Explodieren.
Man könne auch eine Flasche Bier für die Atomenergie nutzen, fuhr Oppenheimer fort.
Ein Mitglied des Komitees versuchte, die Situation zu entschärfen, und stellte eine Frage nach der höchsten Sicherheit.
Die höchste Sicherheit biete das Grab, meinte Oppenheimer.
Hinterher verkündete ein Strauss treu ergebener Mitarbeiter, J. Robert Oppenheimer sei mit größter Wahrscheinlichkeit ein Agent der Sowjetunion.
Das hätte natürlich schallendes Gelächter auslösen sollen, aber in den fünfziger Jahren war der Humor in den politischen Kreisen Washingtons knapp bemessen. (Die Öffentlichkeit merkte, daß McCarthy eine Witzfigur war. Als er im Fernsehen auftrat und sich vor aller Welt als angetrunkener Demagoge enthüllte, schwand sein Einfluß fast über Nacht.)
Sein Mitstreiter Strauss hatte sich aber geschworen, dem neunmalklugen Mr. Oppenheimer eins auszuwischen. 1954 wurde Oppenheimer vor eine Sicherheitsanhörung geschleppt. Man beschuldigte ihn des »Umgangs mit bekannten Kommunisten« – damit war sein Bruder gemeint. Außerdem warf man ihm vor, gegen die Entwicklung der Wasserstoffbombe zu sein. (Womit er seine Aufgabe nicht erfüllte.) Niemand lachte. Doch widerwillig mußte das Komitee schließlich einräumen, daß Oppenheimer das Recht hatte, seine Überzeugung

auszusprechen, auch wenn sie unpopulär war. Des Verrats war er deshalb nicht schuldig. (Die Rosenbergs waren gerade wegen Verrats auf dem elektrischen Stuhl gelandet.) Statt dessen entzog man Oppenheimer aus Rachsucht seine Unbedenklichkeitsbescheinigung.
Das bedeutete, daß Oppenheimer keinen Zugang mehr zu Geheimunterlagen hatte und aus seinen Regierungspositionen entlassen wurde. Einst sowohl bei den höchsten Beamten als auch den ausländischen Würdenträgern ein gefragter Mann, war er in Washington plötzlich ein Paria. Die amerikanische Öffentlichkeit war über das Urteil empört. In der *New York Herald Tribune* wurde es als »ein erschütternder Rechtsirrtum« bezeichnet, der »den guten Namen der Freiheit in Amerika entehrt und geschändet habe«.
Damit konnte J. Robert Oppenheimer keinen politischen Einfluß mehr ausüben. Gedemütigt kehrte er ins Institute for Advanced Studies zurück. Auf die Frage eines Arbeitskollegen, warum er Amerika nicht verlasse, antwortete er – der sonst so kühl wirkte – tränenüberströmt: »Verdammt, ich liebe nun einmal dieses Land!«
Die Behandlung, die er während der nächsten Monate über sich ergehen lassen mußte, brach ihn endgültig. Ausgerechnet Strauss wurde zum Treuhänder des Instituts ernannt, und er gab sich alle Mühe, Oppenheimers Leben zur Hölle zu machen. In Oppenheimers Büro wurden (wieder einmal) Wanzen angebracht, seine Post (einschließlich des wissenschaftlichen Materials) wurde geprüft und zensiert (wofür vermutlich das kernphysi-

kalische Institut des FBI zuständig war). Oppenheimer durfte noch nicht einmal sein Büro betreten, während sein persönlicher Safe aus der Wand herausgemeißelt wurde, damit alle Geheimdokumente, die er enthielt, in Sicherheit gebracht werden konnten. Er wurde allerdings nicht entlassen, dafür sorgten Einstein, Gödel, von Neumann und andere in einem scharf formulierten Schreiben.

Oppenheimer wurde in kurzer Zeit zu einem internationalen Symbol. Der Atomforscher Robert Jungk bezeichnete Oppenheimer als ein »Symbol des Widerstands gegen den atomaren Massentod« – so halbherzig kann Oppenheimer nicht gewesen sein. Immerhin hatte man es dem »Vater der Atombombe« als Illoyalität ausgelegt, daß er moralische Bedenken gegen die Herstellung der Wasserstoffbombe hegte, weil er um das atomare Kräfte-Gleichgewicht bangte!

Wie immer bei Oppenheimer war die Situation vielschichtig. Er hatte den faustischen Pakt mit dem Teufel geschlossen, er hatte die Bombe geschaffen. Seine nach wie vor doppeldeutige Haltung gegenüber dieser Leistung war verwirrend. So war Oppenheimer im Anfangsstadium auch von der Wasserstoffbombe begeistert. Als Teller seine Pläne erläuterte, bemerkte Oppenheimer: »Wenn es technisch Spaß macht, mußt du sie bauen.« Der Physiker Niels Bohr, der große Chemiker Linus Pauling oder der Philosoph Bertrand Russell gingen in ihren Warnungen erheblich weiter als der sich nur zögernd für eine internationale Atomwaffenkontrolle eintretende Oppenheimer. Oppenheimer war mit Haut und Haar in die Sache verwickelt. Die Atombombe war seine Schöpfung, und zu guter Letzt wußte er nicht so recht, was er davon halten sollte. Wofür steht nun also seine Person? Oppenheimer verkörpert den modernen Wissenschaftler, der zwar technisch brillant ist, doch ethisch wenig geschult. Abgesehen von der atomaren Katastrophe sind wir heute mit der noch heimtückischeren Möglichkeit des ökologischen Zusammenbruchs konfrontiert. Mit Oppenheimer hatte sich die Wissenschaft verwandelt: Die große Schöpfung wurde auch zur großen Zerstörerin. Die größte Anstrengung der Menschheit gilt nun dem wissenschaftlichen Fortschritt, doch Oppenheimers Konflikt zwischen Stolz und Moral besteht weiter, und weitet sich noch aus.

In den Monaten nach seiner Vernehmung veränderte sich Oppenheimers Aussehen drastisch. Sein Haar ergraute, er wurde wieder einmal dünn wie ein Skelett und entwickelte eine ganze Reihe von Ticks. Er hatte schon immer viel getrunken, doch nun leistete er Kitty bei ihren abendlichen Alkoholexzessen Gesellschaft. Überraschenderweise war seine Arbeit als Direktor des Instituts nach wie vor hervorragend. Er war immer ein genialer Verwaltungsmann gewesen.

Erst neun Jahre später widerfuhr Oppenheimer Gerechtigkeit. Im November 1963 wurde er von Präsident Kennedy für den angesehenen Enrico-Fermi-Preis vorgeschlagen. Es sollte Oppenheimers Rehabilitation sein.

Doch an demselben Tag, als Kennedy die Entscheidung fällte, wurde er in Dallas ermordet. Präsident Johnson kam Kennedys Wunsch nach. Das Bild der Preisverleihung zeigt Johnson, wie er auf einen verschrumpelten alten Mann mit Brille hinunterstrahlt. Trotz seiner öffentlichen Rehabilitation erhielt Oppenheimer seine politische Unbedenklichkeit nicht wieder zurück. Im Frühjahr 1967, knapp vier Jahre später, starb Oppenheimer im Alter von zweiundsechzig Jahren an Kehlkopfkrebs.

Köpfe

Anhang

Daten und Fakten über die Atombombe

– Die folgenden Zitate verraten ungewollt die ganze Absurdität des »Arguments« für die nukleare Abschreckung:
»Wir werden nicht voreilig handeln oder unnötigerweise das Risiko eines weltweiten Atomkriegs eingehen, in dem selbst die Früchte des Sieges ungenießbar wären. Aber genausowenig werden wir vor dem Risiko zurückschrecken, wann immer es eingegangen werden muß.«
John F. Kennedy
»Ein Staat ohne Atombombe kann nicht wirklich unabhängig sein.«
Charles de Gaulle

– Die Atombombe in Kurzfassung: Zwei unterkritische Massen spaltbaren Materials (wie Uran 235) werden zusammengebracht, um eine kritische Masse zu bilden. Das verursacht eine unkontrollierbare Kettenreaktion, die zu einer Kernexplosion von etwa zwanzig Kilotonnen führt.

– 1 Kilotonne = Explosionsenergie von tausend Tonnen TNT.
1 Megatonne = Explosionsenergie von einer Million Tonnen TNT. Bei der Detonation erzeugt TNT (Trinitrotoluol) einen Druck von etwa 270 000 Atmosphären.

– Bei einer Wasserstoffbombe liegt die Explosionskraft im Megatonnenbereich. Sie ist eine Thermonuklearwaffe, die in der Regel auf Spaltung und Fusion beruht. Sie besteht normalerweise aus einer Spaltungsbombe, die von schwerem Wasserstoff umgeben ist. Der detonierte Spaltungsmechanismus liefert die Energie, die in dem schweren Wasserstoff zur Kernschmelze führt.

– Bei der *Spaltung* teilen die Neutronen den Atomkern und setzen eine enorme Energie frei.
Bei der *Kernschmelze* (Fusion) werden zwei Kerne mit solcher Kraft zusammengebracht, daß sie verschmelzen. Bei diesem Prozeß wird noch mehr Energie freigesetzt.
»Wenn die menschliche Rasse bisher mit der Kutsche zur Hölle fahren wollte, kann sie dank Atomtechnologie nun auch den Jet nehmen. Die Technik ändert nichts an dieser Sehnsucht und auch nichts an der Richtung, aber sie verkürzt die Fahrtzeit ganz erheblich.«
Charles M. Allen
»Der Mensch hat der Natur die Macht abgerungen, die Welt in eine Wüste zu verwandeln oder die Wüste zum Blühen zu bringen. Nicht das Atom ist böse, sondern die menschliche Seele.«
Adlai Stevenson
Ich weiß zwar nicht, welche Waffe im nächsten Krieg die wichtigste ist, aber ich weiß, welche es im übernächsten sein wird – Pfeil und Bogen.
Volksmund

– Die Neutronenbombe ist eine Thermonuklearbombe, die sich ebenfalls die Spaltungs-Fusionsmethode zunutzte macht. Die Explosionsenergie ist absichtlich begrenzt, aber sie verseucht weite Bereiche durch riesige Mengen Gamma- und Neutronenstrahlung, die fast alle bekannten Panzerungen durchdringt und für den Menschen tödlich ist. Bauwerke bleiben unversehrt.
Diese Bomben sind sehr nützlich, wenn man eine Armee auslöschen will, ohne deren Waffen zu zerstören, oder wenn man im Handumdrehen Städte in Museen für Besucher aus dem Weltraum verwandeln möchte.
Eine Waffe ist ein Feind, auch für ihren Besitzer.
Türkisches Sprichwort

Die Atombombe kann nur überleben, wer nicht da ist, wenn sie losgeht.
Broschüre der amerikanischen Kampagne für nukleare Abrüstung CND
»Im Krieg verbinden sich die letzten Raffinessen der Wissenschaft mit den Grausamkeiten der Steinzeit.«
Winston Churchill

– Kernenergie gewinnt man durch Kernspaltung oder Kernfusion. Die Kettenreaktion wird verlangsamt und somit »gesteuert«.
Uran produziert etwa zweieinhalb Millionen mal mehr Energie als dieselbe Menge Kohle.
Die Fusion mit schwerem Wasserstoff produziert noch einmal die vierhundertfache Energie.
»Die Freisetzung der Atomkraft hat alles verändert außer unserer Denkweise, und deshalb treiben wir auf Katastrophen zu, die nicht ihresgleichen haben.«
Albert Einstein

Chronik: Daten zur Geschichte der Atombombe

1789	Klaproth entdeckt das Uran
1897	Thomson entdeckt das Elektron
1905	Einstein veröffentlicht die Spezielle Relativitätstheorie, aus der später $E = mc^2$ folgt.
1931	Erste Atomspaltung durch Cockroft und Walton im Cavendish Laboratory in Cambridge
1932	Chadwick entdeckt das Neutron
1934	Joliot-Curie beschießen Atomkerne mit Alphateilchen und stellen neue Elemente her. Entdeckung künstlicher Radioaktivität.
1934	Enrico Fermi beschießt Atomkerne mit Neutronen und vermutet, daß beim Beschuß des Urans künstliche schwere Elemente, die »Transurane«, entstehen.
1938	Otto Hahn und Lise Meitner setzen Fermis Arbeit fort und beschießen Uran mit Neutronen. Hahn und Strassmann vermuten, daß dabei der Kern »zerplatzt«.
1939	Meitner, die inzwischen im Exil ist, liefert mit ihrem Neffen Frisch die theoretische Deutung. Sie nennen diesen Vorgang »Kernspaltung«.
1939	Nachdem er von Szilard informiert wurde, schreibt Einstein an Präsident Roosevelt, um ihn davor zu warnen, daß die Deutschen die Kernspaltung für eine Atombombe nutzen könnten. Das amerikanische Atombomben-Projekt wird ins Leben gerufen.

1942	Fermi baut den ersten Kernreaktor der Welt, in dem die erste gesteuerte Kettenreaktion abläuft.
1942	In New Mexico entsteht Los Alamos.
1945	Zündung der ersten Atombombe in Trinity, New Mexico. Einen Monat später Abwurf der ersten Atombomben auf Hiroshima und Nagasaki.
1952	Amerika testet die erste Wasserstoffbombe im Pazifik auf dem Eniwetok Atoll (Marshallinseln).
1953	Rußland testet die Wasserstoffbombe.
1957	Großbritannien testet die Wasserstoffbombe.
1967	China testet die Wasserstoffbombe.
1968	Frankreich testet die Wasserstoffbombe.
1970	Amerika entwickelt Neutronenbomben.
80er Jahre	Indien, Israel und Brasilien entwickeln Kernwaffen.
90er Jahre	Pakistan, Nordkorea und Irak entwickeln Kernwaffen. Frankreich besteht darauf, Versuche im Pazifik durchzuführen.

Bücher über J. Robert Oppenheimers Leben und Werk

Peter Goodchild:
J. Robert Oppenheimer. Eine Biographie, Basel: Birkhäuser, 1982 (vergriffen)
Ein ausführliches und gut lesbares Werk, das außerdem eine große Anzahl interessanter Fotos enthält.

Richard Rhodes:
Die Atombombe oder Die Geschichte des 8. Schöpfungstages, Nördlingen: Greno, 1988 (vergriffen)
Eine Geschichte der Atombombe, die den Prozeß theoretischen und praktischen Forschens anschaulich vor Augen führt. Diese exzellente wissenschaftsgeschichtliche Darstellung wurde mit dem Pulitzer-Preis ausgezeichnet.

Heinar Kipphardt:
In der Sache J. Robert Oppenheimer. Ein Stück und seine Geschichte, Reinbek: Rowohlt, 1987
Ein Theaterstück über das Schicksal Oppenheimers, das seinen Autoren weltberühmt machte.

Klaus Hoffmann:
J. Robert Oppenheimer. Schöpfer der ersten Atombombe, Heidelberg: Springer, 1995
Die jüngste Biographie über den »Vater der Atombombe«: äußerst faktenreich und lebendig geschrieben.

Köpfe & Ideen

Paul Strathern

Einstein & die Relativität

aus dem Englischen
von Xenia Osthelder

Band 14114

Am 7. November 1919 erschien die Londoner *Times* mit der Schlagzeile »Wissenschaftliche Revolution. Newtons Vorstellungen umgestoßen.« Der Revolutionär hieß Albert Einstein. Seine mit diesem Tag nachgewiesene Relativitätstheorie, die Grundlage aller modernen Kosmologie bis zu Stephen Hawking, hat wie wenige Entdeckungen der Menschheit unser Weltbild von Grund auf verändert.
Strathern beschreibt das Leben und die Ideen dieses in Deutschland geborenen, in der Schweiz berühmt gewordenen und weltweit verehrten Forschers, Philosophen und kritischen Zeitgenossen und zeigt anschaulich, was das Revolutionäre an seinen Entdeckungen ist. Was die Theorie der Relativität wirklich meint: bei Strathern ist es klar und verständlich zu erfahren.

Fischer Taschenbuch Verlag

fi 7103 / 2 li